LE JARDINIER
D'ARTOIS.

LE JARDINIER D'ARTOIS,

OU LES

ELEMENS

DE LA CULTURE DES JARDINS

POTAGERS ET FRUITIERS.

Par le F. C. BONNELLE, *Religieux Convers de l'Ordre des Chanoines Réguliers de la Sainte* TRINITÉ, *dit Mathurin, pour la Rédemption des Captifs.*

A ARRAS,
Chez MICHEL NICOLAS, Imprimeur-Libraire, rue de Saint Géry.

M. DCC. LXIII.

AVEC PRIVILÉGE DU ROI.

A NOSSEIGNEURS,

Nosseigneurs

DES TROIS ORDRES DES ÉTATS *D'ARTOIS.*

NOSSEIGNEURS,

UN Amour vraiment Paternel envers les Peuples confiés à votre ſage Adminiſtration, ne Vous permet pas de voir avec indifférence des entrepriſes formées pour leur avantage ; & c'est ce qui me fait prendre, NOSSEIGNEURS, la liberté de Vous dédier un Ouvrage produit par le desir que j'ai toujours eu d'être de quelqu'utilité à mes Concitoyens. Quoique j'ai rassemblé dans ce Volume tout ce qu'une application longue & assidue a pû me fournir de connoissances sur l'Art du Jardinage, je ne me flatte cependant point, NOSSEIGNEURS, qu'il soit digne de Vous être présenté : mais j'ose du moins espérer que Vous daignerez l'agréer en faveur du motif qui m'en a fait concevoir le dessein.

Je suis avec un profond respect,

NOSSEIGNEURS,

Votre très-humble & très-obéissant Serviteur F. C. BONNELLE.

APPROBATION

De Monsieur COSTE, Docteur-Régent de la Faculté de Médecine de Paris.

J'AI lû par ordre de Monseigneur le Chancelier un Manuscrit intitulé *Le Jardinier d'Artois*; & je n'y ai rien trouvé qui puisse en empêcher l'impression. A Paris, ce 2 Novembre 1762.

COSTE.

PRIVILÉGE DU ROI.

LOUIS, par la grace de Dieu, Roi de France & de Navarre: A nos amés & féaux Conseillers, les Gens tenans nos Cours de Parlement, Maître des Requêtes ordinaires de notre Hôtel, Grand Conseil, Prevôt de Paris, Baillifs, Sénéchaux, leurs Lieutenans Civils & autres nos Justiciers qu'il appartiendra: SALUT. Notre amé MICHEL NICOLAS, Imprimeur à Arras, Nous a fait exposer qu'il desireroit faire imprimer & donner au Public un Ouvrage qui a pour titre *Le Jardinier d'Artois*: s'il Nous plaisoit lui accorder nos Lettres de Permission pour ce nécessaires. A CES CAUSES, voulant favorablement traiter l'Exposant, Nous lui avons permis & permettons par ces Présentes de faire imprimer ledit Ouvrage autant de fois que bon lui semblera; & de le vendre, faire vendre & débiter par tout notre Royaume pendant le temps de trois années consécutives, à compter du jour de la date des Présentes: Faisons défenses à tous Imprimeurs, Libraires & autres personnes de quelque qualité & condition qu'elles soient d'en introduire d'impression étrangére dans aucun lieu de notre obéissance: A la charge que ces Présentes seront enregistrées tout au long sur le Registre de la Communauté des Imprimeurs & Libraires de Paris, dans trois mois de la date d'icelles : que l'impreſſion dudit Ouvrage ſera faite dans notre Royaume, & non ailleurs, en bon papier & beaux caractères, conformément à la feuille imprimée, attachée pour modéle ſous le contre-ſcel des Préſentes; que l'Impétrant ſe conformera en tout aux Réglemens de la Librairie & notamment à celui du 10 Avril 1725; qu'avant de les expoſer en vente, le Manuſcrit qui aura ſervi de copie à l'impreſſion dudit Ouvrage ſera remis dans le même état où l'Approbation y aura été donnée ès mains de notre très-cher & féal Chevalier-Chancelier de France le Sieur de Lamoignon, & qu'il en ſera enſuite remis deux Exemplaires dans notre Bibliothéque publique, un dans celle de notre Château du Louvre, un dans celle du Sieur de Lamoignon & un dans celle de notre très-cher & féal Chevalier-Garde des Sceaux de France le Sieur Feydeau de Brou; le tout à peine de nullité des Préſentes. Du contenu deſquelles vous mandons & enjoignons de faire jouir ledit Expoſant & ſes ayant cauſe, pleinement & paiſiblement, ſans ſouffrir qu'il leur ſoit fait aucun trouble ou empêchement. Voulons qu'à la copie des Préſentes qui ſera imprimée tout au long au commencement ou à la fin dudit Ouvrage, foi ſoit ajoûtée comme à l'Original. Commandons au premier notre Huiſſier ou Sergent ſur ce requis, de faire pour l'exécution d'icelles tous Actes requis & néceſſaires, ſans demander autre permiſſion, & nonobſtant clameur de Haro, Charte Normande, & Lettres à ce contraires. CAR tel eſt notre plaiſir. Donné à Paris, le neuviéme jour du mois de Février, l'an de grace mil ſept cent ſoixante-trois, & de notre Régne le quarante-huitiéme. Par le Roi en ſon Conſeil.

Signé, LE BEGUE.

Regiſtré ſur le Regiſtre XV. de la Chambre Royale & Syndicale des Libraires & Imprimeurs de Paris, No. 867. fol. 381. conformément au Réglement de 1723. A Paris, ce 15 Février 1763.

VINCENT, 3e. *Adjoint.*

PREFACE.

DE L'ORIGINE *DES* JARDINS.

LE premier Homme ayant été créé dans un Jardin, reçût ordre de cultiver la terre après son péché, pour en tirer sa nourriture & sa subsistance à la sueur de son front; d'où il s'ensuit que la condition de nos premiers Peres, fût de s'addonner à la culture des Légumes & des Fruits, puisqu'ils n'avoient point d'autres Alimens. Ainsi, l'Art de cultiver les Jardins est sans contredit le premier & le plus ancien de tous les Arts, & dès qu'il y eût des Hommes sur la Terre, il y eût des Jardiniers & pour les Légumes & pour les Fruits.

LA Nature avoit produit dans le

commencement pêle-mêle au milieu des Champs les Légumes & les Fruits les plus nécessaires à la subsistance des Hommes. On les a rassamblé ensuite dans des lieux particuliers : on s'est appliqué à les faire multiplier par une culture sage & convenable : on a réfléchi sur les premieres découvertes, & de connoissances en connoissances on est parvenu à former un corps d'expériences, qui seroient infaillibles, si on s'attachoit davantage à ce qui convient aux différens Climats du monde.

On a donné bien des Ouvrages sur ce sujet ; mais, qu'il me soit permis de le dire, le défaut de tous ces Ouvrages est de ne point assez distinguer le Pays pour lequel on écrit. On donne des régles & des principes pour l'Isle de France, la Brétagne, la Touraine, le Languedoc, &c. & ces régles & ces principes ne peuvent être pratiqués dans l'Artois. Chaque Pays, chaque nature de terrein, différens dégrés de chaleur, différentes Saiſons, par conſéquent différens temps pour ſemer, pour planter & pour tailler.

LES connoiſſances, que j'ai acquiſes par un long uſage & que j'oſe donner au Public, ne concernent que l'Artois, qui, dans toute ſon étendue, eſt le même Climat, où l'on trouve à peu près le même Terroir, la même température d'air; & je ne penſe point qu'on puiſſe en ce genre donner rien de plus utile, qu'en ſe fixant abſolument, comme je fais, à un ſeul & même Climat. Je travaille pour ma Patrie; trop heureux, ſi mes réflexions, mes expériences & mes recherches, peuvent lui être de quelqu'avantage!

A Dieu ne plaiſe que je veuille attribuer à moi ſeul l'eſſai que je donne ſur le Jardinage, je le dois en partie à mes expériences; mais encore plus aux entretiens fréquens que j'ai eu à ce ſujet avec d'habiles Jardiniers. J'ai vû, j'ai entendu, j'ai conſulté, j'ai pratiqué, & n'ai pas même négligé les avis des plus ſimples Payſans. J'ai toujours fait ſeul les opérations du Jardinage, juſqu'aux ouvrages les plus rudes : j'ai voulu connoître le tout à fond : j'ai remarqué les défauts & les ſuccès de mes travaux ; je n'ai rien omis, j'ai réfléchi & perſonne, je crois, ne trouvera mauvais que je mette au jour mes réflexions, & que j'en forme un Traité. Toute la grace que je demande, eſt qu'on ſoit bien perſuadé que le ſeul motif qui m'anime, je le répéte, c'eſt d'être utile à ma Patrie.

Au reſte, je n'écris point ici pour les Jardiniers expérimentés ; ils en ſçavent plus que moi : j'écris plutôt pour ceux qui n'ont point encore de connoiſſances dans cet Art, mais qui deſirent d'en acquérir ; pour les Curieux qui veulent s'en faire un noble amuſement, parce que cette inclination a été de tous les temps & de tous les états. Il ne faut point la mépriſer, ni la mettre en oubli ; car tout objet qui réunit en ſoi l'utile & l'agréable, eſt digne de tout le monde. Combien de perſonnes eſtiment le Jardinage, mais à qui le détail en eſt inconnu ; ils ſçavent, ils ſentent que cet Art n'eſt pas indigne de leur curioſité ; ils voudroient le connoître aſſez pour en faire leur récréation, mais on ne trouve point par-tout des Jardiniers qui ſoient capables de donner des lumieres ſur les objets de leur profeſſion.

VOILA ce qui m'a déterminé à traiter la matiere ſur un Plan nouveau, dans lequel j'ai tâché de mettre aſſez de clarté, pour que l'Homme le moins inſtruit, & pour peu qu'il ait d'intelligence, ſoit en état d'opérer ſans autre ſecours. Peut-être que ma méthode de cultiver les Jardins Potagers, Fruitiers & autres, ne plaira pas à tout le monde. Mais, qui peut ſe flater d'obtenir un ſuffrage univerſel ? Chaque Jardinier a ſes maximes, ſes régles &

ſes idées qu'il préfére à celle des autres.

POUR moi, c'eſt après avoir conféré, comme je l'ai dit, avec d'habiles Ouvriers; c'eſt après avoir étudié ſoigneuſement dans chaque Plante les différens effets de la nature, que je me ſuis fait des principes; enfin, c'eſt après avoir embraſſé l'opinion que mes expériences m'ont fait juger la plus certaine.

ON verra que cet Ouvrage préſente un Plan général ſur toutes les parties du Jardinage, & une partie de celui à Fleurs, la ſituation d'un Jardin, ſon expoſition, la diſtribution & la préparation des terres, & tout ce qui peut en dépendre.

L'ORDRE que je me ſuis preſcrit dans cet eſſai, préſente d'un coup d'œil tout ce qui a rapport à une Plante, ſon eſpéce, la Saiſon & le temps de la ſemer & de la planter; ſa culture, la terre qui lui eſt propre, ſa deſcription exacte depuis sa Racine jusqu'à sa Graine ; sa durée & ses différentes propriétés pour l'usage de la vie & pour la santé, que je n'ai pu passer sous silence, mais que j'ai cru devoir rassembler pour l'utilité des personnes écartées des Villes, isolées dans leurs Campagnes, dénuées de Livres de Médecine, sans ressource dans des cas pressans, on souhaite de trouver quelque soulagement & se guérir, ces Plantes légumineuses nous offrent, dans la plûpart des maladies, des remédes faciles & sans coût. Or cet Ouvrage destiné à leur utilité, découvrira le vrai mérite des Plantes, & les encouragera à les cultiver avec d'autant plus de soin, connoissant leur mérite.

J'AVERTIS en passant, de ne point me soupçonner d'avoir rien hasardé sur un point aussi délicat, qui n'est point de mon ressort, touchant la vertu & la propriété des Plantes & des Fruits, je les tiens par écrit de feu M. FRANçois Hazard, célébre Docteur en Médecine, & Pensionnaire de la Ville & Cité d'Arras.

Je traite ensuite avec toute l'exactitude possible de la culture des Arbres, de leurs élevations dans les Pépinieres, de la singularité de la Greffe & de l'Ecusson, la maniere de les planter, la dissertation de la taille, de l'ébourgeonnement, la meilleure espéce de fruits, leur description & le temps de leur maturité.

Comme le Jardinage comprend la culture des différentes espéces de Plantes, tous Jardiniers doivent faire leurs efforts pour réussir en tout ce qu'il entreprennent. Il est bien certain que rien au monde ne demande tant de soin, tant d'assiduité & d'application que les Jardins Potagers & Fruitiers: c'est un travail sans fin, & pour ainsi dire, un mouvement perpétuel. Avant que d'entrer en matiere, je crois qu'il est nécessaire d'offrir aux Lecteurs quelques Observations générales.

PREMIERE OBSERVATION,

De la Situation d'un Jardin.

IL faut que les Jardins Potagers & Fruitiers soient bien proportionnés & bien ordonnés dans toutes leurs parties, dont chacune réponde convenablement à toutes les autres, & que ces Jardins satisfassent également l'œil des Spectateurs & les desirs du Maître.

ON appelle Jardin une Piéce de Terre plus ou moins grande, que l'on destine pour y cultiver des Légumes & des Arbres fruitiers de toute espéce. Il faut d'abord observer la situation du terrein, & prendre bien garde si son assiette n'est point dans un fonds sujet aux inondations; ensuite si le terrein est praticable, tant pour la commodité du transport des fumiers, que pour toutes les autres choses nécessaires. Il faut aussi éviter, autant qu'on le peut, la proximité des grands Arbres, surtout du côté du Soleil levant & du Midi, parce que leur ombre porte un grand préjudice à toutes les Plantes.

UNE ſituation convenable pour un Jardin, eſt un endroit un peu en pente, parce qu'un terrein plat reſte toujours humide, & que l'eau étant ſujette à y ſéjourner, fait un tort conſidérable tant aux racines des Légumes, qu'à celle des Arbres. Les pentes qui regardent le Midi, ſont les plus favorables, parce qu'elles ſont à l'abri du Nord.

ON eſt heureux, quand on trouve un terrein à peu près de niveau, & qu'on peut aiſément réduire en pente : plus heureux encore, quand on rencontre un terrein naturellement fait & diſpoſé, où il ſemble qu'il n'y ait qu'à mettre la bêche & employer la culture néceſſaire.

MAIS ſi cette pente eſt ſi conſidérable qu'on ne puiſſe y remédier ſans un changement total, un habile Jardinier doit s'en ſervir utilement, en partageant le terrein en différens dégrés ou terraſſes, qui auront leur mérite & leur agrément par la ſuite. Ces dégrés ou terraſſes ſe font par le moyen de petites murailles propres à ſoutenir les terres. Au ſurplus on y ajoute les dégrés convenables pour la facilité d'aller d'une terraſſe à l'autre. Les avantages que l'on peut tirer de ces petites murailles, c'eſt qu'elles peuvent ſervir à l'Eſpalier, ſi l'expoſition en eſt favorable; ce ſont autant de Promenades charmantes, & autant de Jardins ſéparés, dans leſquels tout ſemble ſe réunir pour l'utile & l'agréable

SECONDE OBSERVATION,

De la qualité que doit avoir une bonne terre.

IL faut, autant qu'on le peut, placer un Jardin dans un fonds naturellement bon; que la terre soit remplie de substances, abondantes en sels, enfin, que dans la végétation, toutes les Plantes qui lui seront commises y puissent profiter. Je compte sept sortes de terres différentes & bonnes. Une terre argilleuse jaunâtre, qui naturellement est toujours meuble; une terre argilleuse blanchâtre douce, conservant bien sa fraîcheur; une terre brune sans pierres, fumée tous les deux ans; une terre noire sans pierres, meuble, qui rarement devient dure; une terre spongieuse, qui tient toujours sa fraîcheur & ne durcit point, même dans les plus grandes chaleurs; une terre franche sans pierres, facile à labourer; une terre grise, mêlée de petites pierrettes blanches qui la rendent meuble, hative & légere; une terre prise sur les bords & dans le lit des rivieres, lorsqu'on les cure.

ON connoît encore mieux les bonnes terres quand elles donnent par elles-mêmes des productions fortes & nombreuses, sans qu'elles paroissent s'épuiser. Lorsque nous voyons des

Plantes & des Arbres croître à vûe d'œil, se soutenir avec vigueur, pour lors il n'est point douteux que semblable terre ne soit propre pour la végétation.

Il seroit à souhaiter que le terrein d'un Jardin fût bien meuble, sans pierres, facile à labourer, sans être trop sec ou trop humide; parce qu'une terre trop séche, trop légere & sans humeur, demande des arrosemens excessifs, & qu'une terre trop humide & naturellement froide, reveche, pesante, est sujette à durcir, & n'est de bon rapport que dans les saisons séches.

Si une terre n'étoit point de nature à peu près convenable, il seroit nécessaire de s'appliquer à la rendre meilleure par le secours des fumiers, joint à l'industrie des hommes qui doit suppléer à ce défaut. Si l'on est obligé de se servir de la terre qu'on trouve, il faut auparavant voir si elle n'a pas de défauts incorrigibles; car si c'étoit une terre grasse, glaise, potasse, biéve ou brûlante, il vaudroit beaucoup mieux abandonner le terrein que d'entreprendre inutilement de le corriger.

Il est certain qu'il y a un art de procurer aux terres moins ingrates une heureuse fertilité; par le secours des fumiers, on échauffe les terreins les plus froids; par les arrosemens, on rend fertiles les Jardins les plus arides & les plus stériles: néanmoins il n'est point douteux qu'il se trouve de si mauvaises terres qui, quelques soins qu'on puisse apporter pour leur culture, ne répondent jamais aux peines & aux eſpérances d'un Jardinier, même très-vigilant. Tels ſont ces monts arides, naturellement défectueux & ſtériles, dont l'art tenteroit inutilement de corriger la malignité.

AINSI, toutes réflexions faites, c'eſt aux terres fortes, franches, légeres, faciles à labourer qu'on doit s'attacher ; mais encore faut-il leur donner à propos des amendemens & des labours convenables ; parce que plus une terre eſt remuée & labourée, plus elle devient propre à la végétation.

TROISIÉME OBSERVATION,

De la maniere de faire une fouille de terre.

VOICI un travail des plus importans qu'il y ait dans le Jardinage. Peu de perſonnes en connoiſſent véritablement l'effet. Il eſt ſûr qu'une fouille de terre, faite comme il faut dans un Jardin, eſt des plus avantageuſes pour toutes ſortes de Plantes.

FOUILLER une terre, en termes de Jardinage, c'eſt faire un changement total de terre d'une place à l'autre ; c'eſt-à-dire, que le deſſus de la terre remuée doit prendre la place de celle de deſſous. Il ſe fait par ce changement une terre neuve qui reçoit plus facilement les influences de l'air ; & cela joint à la chaleur du Soleil & aux pluyes, qui servent à en dissoudre les parties & à les émouvoir, fait que l'abondance des substances qui s'y trouvent, opére des effets admirables dans la végétation des Plantes.

QUAND on est enfin déterminé à fouiller telle ou telle étendue de terre plus ou moins grande, on prend autant de personnes qu'on le juge à propos pour cette opération. On commence par ouvrir une tranchée profonde de trois pieds ; on jette la terre devant soi, ce qui fait une espéce de fossé qu'on remplit des terres successivement prises : on continue de travailler ainsi jusqu'à la fin de cette étendue de terre qu'on veut fouiller. Une terre si bien remuée &, pour ainsi dire, bouleversée sans dessus dessous ne sçauroit manquer de produire abondamment.

ON dira peut être que c'est une grande dépense que de fouiller entierement un Jardin. Je l'avoue, mais aussi c'en est fait pour longtemps : d'ailleurs, le plaisir joint au profit dédommage au centuple ; les Arbres s'en portent mieux, leurs Fruits en deviennent plus gros, plus exquis & mieux nourris. Il en est ainsi des Légumes.

LORSQUE cette fouille est faite & achevée, on se dispose à unir le terrein. Il faut examiner & reconnoître de quel côté est la pente, afin de la conserver, parce qu'elle est nécessaire à un Potager, pour en faciliter l'écoulement des eaux. On se sert d'un niveau pour rendre le terrein uni ; on dresse ensuite les compartimens qui regardent le Potager ; on marque les chemins aussi longs & aussi larges que le terrein le permet ; on observe de donner aux plates bandes le long des murailles trois pieds de largeur & six pour les plates bandes où doivent être les contre-Espaliers ou Buissons.

Ce qui fait l'agrément d'un Jardin, c'est d'avoir les compartimens bordés de plusieurs Plantes, utiles à l'usage d'une maison. Voici celles qu'on employe ordinairement dans les bordures ; le Thim, la Sauge, la Lavande, la Marjolaine, la Melisse, l'Hysope, l'Ozeille, la Pimprenelle & les Fraisiers.

On doit remarquer, autant que l'on peut, un endroit propre pour les Couches. Elles doivent être placées à de bons abris, & dans une bonne exposition, telle que celle du Midi ou du Levant.

QUATRIÉME OBSERVATION,

De l'utilité d'un Jardin, & ce qui peut le rendre agréable.

Il faut, pour avoir un Jardin utile & agréable, commencer par le faire entourer de murailles de dix à douze pieds de hauteur, afin de pouvoir y placer des Arbres Nains & d'autres de Tiges pardessus. Sans le secours des murailles on ne sçauroit avoir l'Espalier qui produit des Fruits délicieux.

LES murailles sont d'un grand secours pour arrêter l'impitoyable vent du Nord, qui détruit & ravage les Plantes & les Fruits. Il faudroit, sans les murailles, renoncer aux Légumes hatifs qui se mangent dans la primeur; enfin on se procure, par le secours des murailles, l'abondance dans toutes les Saisons, tant pour le hatif que pour le tardif.

UNE chose essentielle & qu'on ne sçauroit trop recommander, c'est que l'eau ne manque pas dans un Jardin, pour garantir toutes les Plantes des grandes sécheresses. Sans la facilité d'avoir de l'eau, on ne peut espérer d'avoir de beaux Légumes, qui veulent être humectés durant le Printemps & l'Eté.

LES arrosemens dans les Jardins sont indispensables pendant quatre à cinq mois de l'année. Les pluyes qui tombent pendant ces temps ne sont point suffisantes, surtout pour les Arbres nouvellement plantés; & l'ardeur du Soleil pénétrant jusqu'aux racines, détruiroit tout un Jardin, si l'on n'avoit soin de l'arroser.

CINQUIÉME OBSERVATION,

De la maniere d'amender les Jardins.

QUOIQU'UNE terre soit bonne & excellente, elle s'use néanmoins à la longue, parce que son sel & sa substance s'épuisent par les différentes productions des végétaux qu'on y cultive. Il est nécessaire, si on veut l'entretenir dans sa fécondité, de réparer cette dissipation, en lui restituant ce sel que ses productions lui ont fait perdre.

AU reste, ce n'est point, à proprement parler, la terre qui s'use; nous ne voyons point qu'elle dépérisse par les grandes productions qu'elle nous donne : ce n'est rien autre chose que son sel qui diminue, ce sel si précieux qui l'anime, & dans lequel réside sa fertilité. C'est donc ce baume qu'il s'agit de lui restituer, pour la rendre aussi fertile qu'elle étoit auparavant; ce qu'on appelle amender ou méliorer une terre.

CETTE mélioration se fait par le secours des fumiers qu'on trouve dans les lieux où l'on nourrit les Bestiaux, tels que les Ecuries, les Basses-cours, les Pigeonniers, sans oublier les boues qu'on ramasse dans les rues, qui font un fumier admirable, aussi bien que les excrémens humains, quand ils ſont employés à propos par un Jardinier entendu ; c'eſt-à-dire, quand il prend ſoin de les mélanger avec de grands fumiers de chevaux. Cette derniere eſpéce à une vertu ſinguliere pour échauffer la terre, & l'exciter à produire des végétations extraordinaires.

Il faut obſerver de ne point pouſſer à l'excès la quantité des fumiers qu'on met en uſage ; mais on feroit bien pis, ſi on n'en mettoit point aſſez. On péche moins par le trop que par le trop peu. Si l'on veut avoir de beaux & gros Légumes bien nourris, ce n'eſt que par le ſecours des fumiers qu'on peut les attendre. Après tout un Jardinier doit connoître le tempérament d'une terre qu'il veut amender pour telles ou telles Plantes, en lui donnant les engrais à proportion du beſoin qu'elle en a.

A l'égard de tous ces fumiers qu'on employe pour les amendemens, les uns ſont chauds & légers, tels que ceux des Chevaux, des Moutons & des Pigeons : d'autres ſont gras & rafraîchiſſans, tels que ceux de Bœufs, de Vaches & la boue des rues. On doit employer ces fumiers chauds & légers dans les terres humides, peſantes & froides, afin de les échauffer : à l'égard des fumiers gras & rafraîchiſſans, on doit les employer dans les terres maigres & légeres, ſans corps & ſans humeurs, afin de les animer, les rendre plus fertiles, plus corſées & plus matérielles.

Le temps propre & favorable pour fumer les Jardins est l'hyver, lorsqu'il géle, pour ne point fouler la terre. On destine cette Saison aux amendemens, parce que le fumier a besoin d'être épanché sur la terre, afin que son sel en empreigne la surface. Il est même nécessaire qu'il tombe des pluyes & des neiges, pour répandre la substance de ce fumier dans les endroits d'où les Plantes doivent tirer leur nourriture.

SIXIÉME OBSERVATION,

De la maniere de labourer les Jardins.

Les labours sont nécessaires dans les Jardins; c'est même une opération indispensable. Qui dit labourer, dit remuer la superficie de la terre, jusqu'à huit à dix pouces de profondeur; de sorte que celle de dessous doit prendre la place de celle de dessus.

Comme ordinairement les terres des Jardins ne sont point si dures que celles des champs, les labours se font avec la bêche, ou avec la houe, seulement pour les rendre meubles & légeres. L'humidité, les pluyes, les rosées, jointes à la chaleur du Soleil, les échauffent plus aisément, les rendent fertiles & propres à produire ce que l'on veut.

LE temps de labourer les Jardins, eſt environ la mi-Automne, lorſque la terre eſt ſéche. Elle a l'hyver pour ſe pourrir ; la gelée la rend d'autant plus meuble & légere : au ſurplus les labours faits en cette Saiſon détruiſent les mauvaiſes herbes. Il faut être exact à en bannir les Baſſinets, la Vovelle, les Chardons, les Liſerons & le Chien-dent, qu'on ſe gardera bien d'enterrer, mais qu'on doit extirper & déraciner avec toute l'attention poſſible.

APRE'S un labour général, on laiſſe repoſer la terre pendant l'Hyver. S'il géle, on tranſporte & on épanche les fumiers deſſus : les pluyes, les neiges & la grêle venant à tomber, en diſſolvent le ſel, ce qui opére des effets merveilleux par la ſuite. Au ſortir de l'Hyver, on doit enterrer ce fumier avec la bêche environ à quatre ou cinq pouces de profondeur, & non plus avant, pour ne pas le mettre hors de la portée des racines des Plantes. Une terre ainſi fumée ſera toujours propre à recevoir toute eſpéce de Graines & de Plantes, pourvû qu'elles ſoient ſemées ou plantées dans leurs temps & Saiſons.

ON doit bien ſe garder de labourer la terre, lorſqu'elle eſt trop humide, ce qui arrive ordinairement après les fortes pluyes, le dégel ou la fonte des neiges. Pour lors cette terre ſe convertit trop aiſément en mortier, & le travail ne vaut rien pour la production des Plantes. Il ne faut point encore labourer les terres, quand les Arbres fleurissent, & pareillement lorsque la Vigne commence à pousser, parce qu'il s'éléve d'une terre nouvellement remuée des exhalaisons pernicieuses, capables de gâter & ternir les fleurs des Arbres, ainsi que les jeunes & tendres bourgeons de la Vigne.

SEPTIÉME OBSERVATION,

Des bonnes qualités d'un Jardinier.

TOUTE personne qui embrasse la qualité de Jardinier, doit être attentive, sage, prudente & laborieuse. Si les Jardins ont toujours eu des charmes pour ceux qui les ont cultivés avec soin, le Jardinage n'en demande pas moins d'assiduité & d'application.

UN Jardinier, pour bien exercer son art, doit avoir du genie; car s'il ne sçait que le train ordinaire, il n'est propre qu'à planter des choux. Il doit être fort & robuste, parce que le travail du Jardinage a quelque chose de rude. Si la fainéantise y est, & que les forces & le courage manquent, tout y va bien lentement, ce n'est pas le moyen de réussir: il doit toujours être matinal & vigilant sur tout ce qui regarde son emploi: il faut qu'il sache labourer, semer & planter, & qu'il soit habile dans la taille des Arbres: il doit se connoître en Fruits, sçavoir écussonner & greffer. S'il sçait dessiner, tant mieux; mais il ne faut pas que ses desseins l'occupent trop, ni le détournent de ses occupations ordinaires; il ne doit s'en servir que pour conduire & entretenir le Jardin qu'il a sous sa direction.

QUANT au caractere, rien de plus mauvais qu'un Jardinier fainéant, rien de plus insupportable qu'un Jardinier yvrogne, enfin rien de plus odieux qu'un Jardinier lâche & paresseux, il est impossible qu'avec de tels vices on puisse remplir les devoirs d'une telle profession.

AVANT d'aller plus loin, il semble que ce doit être ici le lieu de parler des Outils que doit avoir le Jardinier: mais l'énumération en paroît assez inutile, parce qu'ils sont assez connus, & que d'ailleurs chacun peut s'en procurer à sa guise & selon ses besoins.

HUITIÉME OBSERVATION,

Des Couches, des Cloches, & des Chassis.

LA Couche doit être regardée comme la mere nourrice de la plûpart des Plantes légumineuses, & le chef-d'œuvre du Jardinage. Les soins que les Couches exigent n'appartiennent qu'à des personnes intelligentes. Néanmoins tout le monde s'y addonne : mais aussi combien de gens voient périr dans une seule nuit les soins & les fruits de leurs travaux ? Il faut que celui qui s'en mêle en ait au moins quelque connoissance, ou qu'il s'en détache. Si on prend ce dernier parti, il faut absolument renoncer à tout ce que les Couches doivent produire dans la primeur. Sans les Couches, que peut-on espérer de hatif dans des terreins & des climats froids ? Il faut donc attendre jusqu'au mois de Mai, avant que l'on puisse avoir quelque bénéfice d'un potager. L'agrément joint au profit, doit nous engager à faire violence à la nature trop lente à nous présenter ses bienfaits. Il ne faut point aussi s'engager dans des dépenses qui portent loin, si on n'a pas une certitude d'en venir à bonne fin. Qu'on commence à faire quelqu'épreuve par plaisir, dès qu'elle est modérée, c'est un jeu innocent : il faut d'abord risquer peu, afin de pouvoir arriver au degré d'intelligence nécessaire dans cette culture.

On appelle Couche une certaine quantité de fumier rangée & disposée avec art, propre à hâter l'accroissement des Plantes dans la rigueur des temps. On employe à cet usage le fumier des chevaux, qui est rempli de chaleur & agit promptement, lorsqu'il est nouvellement tiré des Ecuries.

On doit toujours observer de placer les Couches vis-à-vis des bons abris & dans une belle exposition. La plus favorable est celle du Midi.

Les Couches doivent être larges de trois à quatre pieds ; enfoncées en terre, de deux ; on ne risque rien de les faire hautes, parce qu'elles baissent toujours assez. Si le fumier se trouve par trop sec, il faut le mouiller, en dressant la Couche à différentes reprises, pour la faire affaisser & échauffer : il faut encore observer, lorsqu'on dresse une Couche, de lui donner une pente dans toute sa longueur, c'est-à-dire, que le derriere doit être de deux ou trois pouces plus haut que le devant, afin qu'elle reçoive le Soleil à plomb.

La situation observée & le fumier préparé, on dresse proprement & également la Couche; on prend soin de fouler la terre avec les pieds, particulierement sur les bords, & voir s'il ne se trouve point quelques défauts, afin d'y remédier sur le champ ; & avec les dents de la fourche, on la peigne, on la bat tout autour; ensuite on met sur cette Couche du terreau ; il faut qu'il soit vieux & changé dans une terre noire, legére, &, pour ainsi dire, sans apparence de ce qu'il a été dans son origine.

On doit observer à l'égard des terreaux qu'ils ne sçauroient être ni trop menus, ni trop légers, ni trop secs, pour toutes espéces de Plantes, & pour les rendre tels, il faut les passer par le crible ou la claye.

La Couche étant chargée de terreau, il faut avant que de la semer ou la planter, attendre sept à huit jours pour lui donner le temps de s'échauffer;

s'échauffer ; ensuite donner à cette violente chaleur le temps de se modérer, ce qu'on connoît aisément lorsque la Couche est affaissée, & qu'en enfonçant la main dans le terreau, on peut en souffrir la chaleur ; pour lors on distribue, on répand le terreau, on le rend uni ; ensuite on se sert d'une planche, qu'on pose sur le côté de la Couche à deux pouces près du bord, & de la main, on approche, & on presse ce terreau contre la planche, pour lui faire acquérir une consistance à se soutenir seul comme s'il étoit un corps solide, ensuite on dispose les semences ou les Plans destinés.

QUAND on s'apperçoit qu'une Couche perd sa chaleur, il faut mettre des réchauds tout autour, composés de longs fumiers neufs pour l'entretenir à son degré de chaleur. Quand il est question de changer ces mêmes réchauds, il n'est pas toujours nécessaire d'employer des fumiers neufs, il suffit de les bien remuer, s'ils ne sont point pourris, ce qui occasionne encore une chaleur nouvelle pour quelque temps : si on doute de l'effet, on y méle un tiers de fumier neuf.

IL ne suffit point d'avoir des Couches semées ou plantées, les fumiers n'operent point seuls l'accroissement des Plantes, il faut des Cloches, des Chassis ou des grandes Litieres, pour les garantir des injures du temps, & pour augmenter sur elles l'action du Soleil.

ON appelle Cloche une piéce de verre soufflé, formée de même qu'une cloche de fonte, élargie par le bas, retrécie par le haut, & terminée par une eſpéce de bouton: au défaut des Cloches ſoufflées, on a recours à celles d'aſſemblage montées en plomb, que les Vitriers ſont capables de faire en tout Pays.

Je paſſe aux Chaſſis dont j'invite les Particuliers à ſe ſervir, préférablement aux Cloches; quoique la dépenſe monte plus haut, on n'y gagne pas moins de toute façon, ils durent plus long-temps, les Plantes y ſont plus à leur aiſe, elles ſont plus hatives & le tout mieux conditionné; on doit ſçavoir que plus les ſemences & les Plantes ſont près du verre, ſoit des Cloches, ſoit des Chaſſis, plus elles profitent des bienfaits du Soleil. Outre les Cloches & les Chaſſis, les Couches demandent encore quelques ſûretés, qui ſont des couvertures de paillaſſons ou de grandes liſiéres, pour être à l'abri des fortes gelées.

NEUVIÉME OBSERVATION,

De l'origine des Plantes & des inſtructions néceſſaires ſur les Graines.

Toutes les Plantes naiſſent & ſe multiplient chacune des ſemences renfermées dans leurs coques. La terre leur ſert de matrice par la vertu du Soleil, elle les attendrit, elle leur ouvre les pores, elle y introduit une humeur nitreuse, qui pénétre, développe & étend les parties de la Plante; alors cette Plante commence à se faire voir sur la superficie de la terre; le suc nourricier circule dans ses fibres, qui font l'office des veines, des arterres & des nerfs, il les dilate, les étend & les fait croître jusqu'à telle hauteur limitée par l'Auteur de la Nature.

TOUTES les Plantes tirent leurs nourritures de leurs racines, parce que les pores y sont plus disposés qu'ailleurs à recevoir le suc de la terre. Le suc circulant dans ces vaisseaux se purifie, s'y exalte, s'y rarefie, s'y perfectionne & fait en même-temps la nourriture de la racine, de la Plante, de la tige, des branches, des feuilles, des fleurs, des fruits & des semences.

TOUS les choix des principes & des observations ainsi établis; il est encore un embarras pour les Amateurs du Jardinage. Il faut qu'ils soient pourvûs de bonnes Graines, sûres & convenables, tant à leurs terreins, qu'à leur climat. Où trouver ces Graines sûres & fidéles? Chez les Marchands. Mais ces Marchands peuvent être trompés, & trompent par contrecoup sans pouvoir l'éviter. Comment pouvoir distinguer une Graine vieille d'avec une nouvelle? Combien de Graines qui se ressemblent? Pour lever toutes difficultés, il faut dépouiller les Graines & les recueillir soi-même. Et comme il faut une fois commencer à en être pourvû, on ne peut que s'addresser aux Jardiniers qui les dépouillent, & sont dans l'usage d'employer ce qu'il y a de plus beau & meilleur.

JE commencerai donc la premiere Partie par la culture du Potager, qui doit contenir & renfermer les Plantes & les Herbes qui entrent dans les alimens ; elles y seront traitées à fond ; & je me propose de donner aux Curieux les principes de la culture qui convient aux Légumes de toute espéce. Je suivrai l'ordre alphabétique.

DESCRIPTION, CULTURE ET PROPRIÉTÉ DES PLANTES DU JARDIN POTAGER.

PREMIERE PARTIE.

Description de l'Absinthe.

L'ABSINTHE, eſt une Plante aromatique, a ſes racines nombreuſes, dures, chevelues, ligneuſes & ſans amertume : elle pouſſe ſes tiges à la hauteur de trois pieds, blanchâtres, fermes, moëlleuſes & rameuſes ; ſes feuilles ſont découpées profondément, elles ſont blanchâtres, molles, d'une odeur forte & d'un goût amer, portées ſur une queue formée en gouttiere ; ſes fleurs naiſſent le long de ſes rameaux ſur de courtes pédicules ſortantes des aiſſelles des petites feuilles : les fleurs sont autant de petits boutons arrondis de couleur jaune ; il leur succéde des graines fines de couleur cendrée, renfermées dans des petits calices ronds & écailleux, elle est bonne pour deux ans.

Culture de l'Absinthe.

L'ABSINTHE se multiplie de graines & de ses rejettons enracinés qu'on éclate pour les séparer des vieux pieds ; cette opération se fait vers la fin de Mars ; elle réussit en toutes terres & à toute exposition ; elle n'est point susceptible des injures du temps, puisqu'un même pied peut se conserver quatre à six années.

Propriété de l'Absinthe.

ELLE est vulnéraire, fortifie l'estomac excite les urines, est apéritive, histérique, détersive, aide à la digestion & tue les vers : son infusion dans du vin blanc est d'usage dans l'hydropisie : elle corrige les aigreurs, débouche la rate & le foye, guérit les coliques venteuses & la jaunisse.

Description de l'Ail.

L'AIL est une bulbe couverte d'une manbrane blanche ou tirant sur le purpurin, très-mince ; renfermant plusieurs tubercules charnues, oblongues, pointues, d'odeur forte & d'un goût acre, qu'on nomme vulgairement tête ou gousse d'Ail. Si on les plante dans le Printemps, elles poussent de petites racines menues, déliées & des feuilles vertes, applaties & longues. Il s'éleve dans quelques-unes une tige à la hauteur de trois pieds, unie, portant à son extrémité une tête enveloppée d'une membrane blanche & pointue; cette tête venant à s'ouvrir, fait paroître des fleurs en forme de Lys disposées en bouquet, composées chacune de six fleurons en forme de toille blanche; ces fleurs étant passées, il succéde des fruits de couleur purpurin, presque ronds, de la grosseur d'un pois, qui sont autant de petites tubercules nommées Rocambolle.

Culture de l'Ail.

L'Ail est une espéce d'Oignon qui multiplie de ses gousses qu'on éclate de leur tête: les gousses se plantent en Mars sur des planches ou plattes bandes dressées exprès, tirées à la ligne, espacées de quatre à cinq pouces sur tout sens: cela observé, on laisse croître l'Ail, qui produira bien, en lui donnant de l'eau au besoin & ayant soin de le dégager des mauvaises Herbes. Le temps de la maturité est en Juillet. On les déplante pour les mettre dans un lieu sec & servir au besoin.

Propriété de l'Ail.

L'Ail chasse les vents, provoque les urines, c'est un contre-poison, consomme les viscosités de l'estomach, excite l'apétit, est un préservatif contre le mauvais air & dans un temps pestiféré, on en avale une gousse entiere le matin à jeun, ou on la tient dans la bouche: il est bon aux Asthmatiques, guérit la galle & la teigne, étant écrasé & mêle avec du beurre frais, appaise le mal de dents & aide à la digestion.

Description de l'Artichaud.

L'ARTICHAUD fait sa racine longue, grosse, droite & dure, couleur d'un brun foncé. Ses feuilles sont longues d'environ deux pieds, larges, découpées profondément, vertes pardessus & blanchâtres pardessous; sa tige s'éleve à la hauteur de trois ou quatre pieds, grosse, moëlleuse & garnie de quelques rameaux portans à leurs extrémités une tête composée d'écailles épineuses, vertes ou violettes: la base de ces écailles est blanche, tendre, épaisse; c'est ce qui se mange, ainsi que le cul, ce sont les deux seules parties dont on fait usage.

QUAND les têtes des Artichauds ne sont point coupées dans leur temps fixe pour être mangées, elles grossissent, s'élargissent, s'étendent

& font paroître une groſſe touffe de fleurs de couleur bleue: lorſque ces fleurs ſont paſſées, il leur ſuccéde des ſemences oblongues, ayant l'écorce griſâte, mouchetée de quelques petites taches noires & garnie chacune d'une aigrette.

Culture de l'Artichaud.

L'ARTICHAUD eſt une Plante vivace, au goût de tous & diſtinguée dans un potager. Pour peu qu'un Jardin ſoit ſpacieux, on doit y planter des Artichauds; c'eſt un Légume très-utile & de produit.

IL y en a de pluſieurs eſpéces; le violet & le vert piquant ſont à préférer, ils ſe multiplient tous deux d'Œilletons enracinés. Le vert eſt celui dont on doit faire le plus d'uſage & qu'il faut préférer. Il vient ordinairement gros en le bien cultivant & plantant dans un bon terrein.

LORSQUE les œilletons ſont prêts d'être ſéparés du pied qui leur a donné naiſſance, on doit avoir un terrein propre à les planter ſuivant les régles du Jardinage: on choiſit à cet effet un quarré du Jardin ſitué dans une des meilleurs expoſitions, on prend ſoin de bien le fumer & labourer dans le mois de Mars: cela fait, on laiſſe repoſer cette terre juſqu'à la fin d'Avril, plutôt même ſi les jeunes œilletons ſont prêts à être décaillotés; pour lors on laboure le quarré une ſeconde fois, pour y recevoir ces jeunes Plantes nouvellement détachées des vieux pieds. On œilletonne ordinairement les Artichauds vers la fin du mois d'Avril, plutôt même s'ils ſont aſſez forts, & ſi l'Hyver n'envoye plus ſes mauvaiſes influences: pour lors, on découvre avec la bêche la ſouche de chaque Artichaud que l'on veut œilletonner, & de tous les œilletons qu'on y voit, il faut toujours laiſſer les deux ou trois plus forts pour porter fruit, & obſerver qu'ils ne ſoient trop près voiſins les uns des autres.

Il faut obſerver que ſi l'on veut laiſſer trois œilletons pour porter fruit deſſus un ſeul pied, il faut que ce pied ait force & vigueur; s'il eſt foible & languiſſant, on ne doit laiſſer qu'un œilleton ou tout au plus deux, parce que moins on laiſſe d'œilletons ſur le pied, plus le fruit devient gros.

Cette obſervation faite, on prend les œilletons les uns après les autres par le bas, on poſe le pouce entre les racines & l'œilleton, on les ſépare de l'endroit où ils ſont attachés. Quand ces œilletons ſont détachés & le pied déchargé de tout ce qui pourroit lui nuire, on doit auſſitôt en recouvrir les racines: enſuite on choiſit les plus beaux & les plus forts œilletons, ſurtout ceux qui ont de bonnes racines, ſans quoi il faut les rejetter, puis on coupe la moitié de leurs feuilles, & tout de ſuite on les plante deux à deux dans un même trou fait avec la bêche, à la diſtance de trois pieds en tout ſens. Ces jeunes Plans ne ſont pas plutôt plantés qu'il faut les arroſer ; & ne les point quitter de vûe qu'ils ne ſoient bien repris, & qu'au moyen des arroſemens réitérés, ils n'en ayent donné des marques bien évidentes.

QUOIQUE l'Artichaud nous paroiſſe être fort & robuſte, il n'eſt pas moins de nature ſuſceptible de gelée : il arrive aſſez ſouvent que la rigueur du Climat le fait périr ; peut-être pour n'avoir point pris les ſoins néceſſaires de le couvrir dans le temps & autant qu'il le faut. Pour prévenir cet inconvénient, on doit, vers la mi-Novembre, plutôt même, s'il y a apparence de gelée, commencer par couper les feuilles de chaque Artichaud à la hauteur de ſix à huit pouces de terre ; enſuite les motteler de terre priſe entre les rangées, ce qui fait une eſpéce de rigolle, & lorſque la gelée commencera à ſe faire ſentir, il faut remplir ces rigolles avec du grand fumier à fleur des mottes ſeulement, de crainte que l'Artichaud ne vienne à pourrir : on levera ce fumier à la fin de Mars, ſi l'Hyver eſt long, & à proportion plutôt s'il eſt de moindre durée.

QUAND le temps de leur reproduction eſt arrivé, on emporte tout le fumier, & tout de ſuite on laboure le quarré avec attention exacte de choiſir les terres les plus fines pour mettre ſur le pied, afin de faciliter aux œilletons de repouſſer, reverdir & de faire des bonnes racines, au cas qu'on veuille en planter.

On peut empailler les Artichauds comme les Cardons d'Espagne pour les faire blanchir ; il est toujours bon de choisir les plus vieux qu'on veut détruire. La durée ordinaire de l'Artichaud est de cinq à six années, passé lequel temps il dépérit, le fruit qu'il porte étant peu de choses, il convient d'en planter d'autres ailleurs.

Propriété de l'Artichaud.

L'ARTICHAUD a la qualité d'échauffer, n'est point propre aux tempéramens chauds & venteux ? il est cordial, apéritif, purifie le sang, fortifie le cœur, rétablit les forces, est nourrissant, restaurant & sudorifique. Sa racine cuite dans le vin blanc provoque fortement les urines.

Description de l'Asperge.

L'ASPERGE fait les plus fortes & les plus nombreuses racines de toutes les Légumes : elles sont longues, charnues, blanches, attachées à une tête dure, inégale, raboteuse & d'un goût glutineux ; elle donne ses tiges dans le Printemps, grosses comme le doigt, tendres & blanches ou de couleur purpurin en sortant de la terre. Huit jours après, si on ne les cueille elles sont vertes, lisses & sans feuilles ; elles s'élevent peu à peu jusqu'à trois ou quatre pieds de hauteur, ſe diviſans en pluſieurs rameaux garnis de feuilles, menues, déliées, approchantes à celles du fenouil. Ses Fleurs ſont placées le long de ces petits rameaux, d'un verd pâle; après leur chûte il ſuccéde des fruits verds & ronds de la groſſeur d'un pois, qui devient rouge en meuriſſant, & renferme trois graines dures & noires, dont ſe multiplie la Plante, & ne ſont bonnes que pour deux ans.

Il y a trois eſpéces d'Aſperges; Aſperge commune, Aſperge de Hollande, nommée en Artois Aſperge de Marchienne, & l'Aſperge Maritime, appellée Aſperge de Gravelines.

L'Asperge commune produit beaucoup, mais ſes tiges ſont petites.

L'Asperge de Hollande produit de groſſes tiges plantée dans un bon fonds, elle multiplie peu, & ne ſe conſerve belle que quatre à cinq années, après quoi elle dégénére. La plûpart des Plantes dépériſſent dans toute eſpéce de terrein.

L'Asperge Maritime a toutes les bonnes qualités, elle eſt hative, donne ſes tiges auſſi fortes que la précédente, étant bien cultivée & plantée dans un bon fonds de terre; elle eſt d'un meilleur rapport, produit beaucoup, peut ſe conſerver & durer vingt à trente années.

Culture de l'Asperge.

DE tous les Légumes, l'Asperge est celui qui a le plus de bonnes qualités, des plus saines & agréables au goût, fournit abondamment pendant deux mois. Sa culture est peu embaraſſante, & il est constant qu'il n'y a point de Plante alimentaire où l'on puisse trouver autant d'avantage réunis.

LA Graine d'Asperge se séme en Mars, dans une terre bien préparée ; cinq ou six semaines après elles lévent de terre. Il faut sarcler ce Plant autant de fois qu'il en a besoin, on l'arrose de temps en temps afin de le fortifier pendant les deux premicres années : en Mars de la troisiéme année ce Plant est propre à planter, on l'arrache avec la fourche pour ne point blesser les racines, que l'on plante ensuite selon les régles du jardinage dans le lieu destiné.

L'ASPERGE demande une bonne terre & une bonne exposition ; pour bien produire & en avoir de bonne heure, elle se plante sur des planches creusées en terre profonde d'un bon pied sur quatre de large ; on jette dans le fond des planches un demi-pied de fumier bien pourri, ensuite sur ce fumier on met un pouce de bonne terre, puis on dispose ce Plant en trois rangées dans chacune des planches, à la distance de quinze pouces d'une Plante à l'autre : ce Plant étant placé & bien rangé, on le couvre de deux pouces ſeulement de bonne terre ou de terreau ; il faut obſerver de laiſſer entre les planches un pied & demi de terrein vuide pour les ſentiers.

Autre méthode plus facile pour planter les Aſperges.

1°. COMMENCER vers la fin d'Octobre par enlever cinq pouces de terre dans l'endroit où l'on veut planter les Aſperges.

2°. SE ſervir de la bêche pour donner un labour le plus profond qu'il eſt poſſible, afin de bien remuer la terre.

3°. EPANCHER ſur cette terre nouvellement labourée un demi-pied de fumier à moitié conſommé.

4°. LAISSER repoſer cette terre couverte de fumier juſques vers la fin de Mars ; alors il faut planter les Plans d'Aſperge, à meſure qu'on bêche, dans le fond de la rigolle, trois pouces de profondeur ſeulement ſuffiſent. On doit ſe ſervir de Cordeau pour les poſer en ligne droite à douze pouces régulierement les unes des autres, & ainſi des rangées.

LA premiere planche plantée & compoſée de trois rangées, il faut obſerver de laiſſer trois ou quatre pieds de terrein vuide ; c'eſt une diſpoſition pour l'avenir : ſi l'on veut réchauffer les Aſperges dans le mois de Février, plutôt même pour les avoir bonnes à manger quinze jours ou trois ſemaines après, on commence par ôter deux pieds de profondeur de la terre des ſentiers entre les planches, on remplit ces vuides avec du fumier de cheval neuf, qu'on a ſoin de bien piétiner & couvrir enſuite de trois à quatre pouces de terre Le fumier venant à s'échauffer, communique ſa chaleur aux planches d'Aſperges à ſes côtés, les réveille & fait pouſſer leur tige pendant un mois ou ſix ſemaines : après lequel temps on les laiſſe, on retire le fumier, on remplit les ſentiers avec la terre qu'on y avoit pris, & ſelon la conſommation d'Aſperges qu'on veut faire, on diſpoſe les planches qui doivent ſe ſuccéder d'années à autres ; on les réchauffe les unes après les autres, on les cueille pendant le Carême juſqu'au mois d'Avril que la Nature les donne ſans violence.

S'IL arrive que quelques Plantes ont manquées de pouſſer, ſoit par la pourriture ou la ſécheresſe, il faut être exact à reconnoître les places : il faut les marquer avec un petit bâton, & les remplacer au mois de Mars ſuivant : au mois d'Octobre de la ſeconde année qu'elles ſont plantées, on rapporte les terres qu'on a été obligé d'enlever, afin de remettre les planches & rendre le quarré uni.

L'ASPERGE produira beaucoup, prenant grand ſoin d'arracher les mauvaiſes Herbes : il faut couper les tiges dans le mois de Novembre, lorſque la graine eſt rouge ; enſuite épancher

cher du fumier dessus : au mois de Mars suivant, donner un petit labour profond de trois ou quatre pouces seulement, & le réitérer tous les ans.

Propriété de l'Asperge.

ELLE est apéritive, excite l'apétit, ouvre les conduits de l'urine, dissout la pierre, le sable des reins & de la vessie, provoque l'urine & la rend puante. Ses racines sont employées dans les Prisannes & les bouillons apéritifs.

Description du Basilic.

IL y a plusieurs espéces de Basilic, je ne ferai le détail que de ceux qui sont les mieux connus ici, qui sont la petite & la grande. La petite a ses feuilles rondes, vertes, semblables à celles du Thim, d'odeur forte & aromatique. Sa racine est ligneuse, fibreuse, dure & noire, la quantité des petits rameaux qu'il jette lui fait acquérir un tête ronde, touffue, haute de cinq à six pouces; ses Fleurs sont blanches & odoriférantes, disposées en gueules, découpées par le bas *en deux livres*. Ces Fleurs passées, il succéde des graines fines, oblongues & noires, qui sont bonnes pour deux ans.

Culture du Bafilic.

LE Bafilic fe multiplie de graines qui levent promptement en pleine-terre dans les Pays chauds ; mais dans ce Climat il faut le femer fur couche, & lorfqu'il a atteint une trentaine de feuilles, on le plante plus au large, afin de lui procurer une belle figure ronde. Cette Plante veut être arrofée fouvent, & furtout dans les grandes chaleurs.

Propriété du Bafilic.

C'EST toujours avant qu'il foit en fleur qu'il faut cueillir le Bafilic, parce qu'alors il a plus de force & de feve ; puis on le fait fécher dans un lieu bien airé. Ses feuilles prifes en guife de Thé diffipent le mal de tête ; excitent les urines, chaffent les vents, aident à la refpiration, font pectorales, cordiales, ils fortifient les nerfs, & font d'ufage dans les Cuifines, tant en gras qu'en maigre.

Defcription de la Bette blanche.

SA racine eft blanche, groffe, longue, charnue, ronde & ligneufe : fes feuilles font grandes, larges, liffes, luifantes & tendres, d'un jaune blanchâtre, remplies d'un fuc ayant le goût nitreux. Sa tige s'éleve à la hauteur de quatre à cinq pieds, portant plusieurs rameaux dont les extrémités sont garnies de long épis, remplis de petites Fleurs rougeâtres, composées chacunes de cinq étamines : à ces Fleurs passées succédent des graines presque rondes, grosses comme des pois raboteux, de couleur cendrée, renfermant chacun trois grains de semence brunâtre, qui est bonne pour trois ans.

Culture de la Bette blanche.

LA graine de la Bette blanche se séme aussitôt l'arrivée de Mars : lorsqu'elle est propre à planter, on prépare une ou plusieurs planches sur lesquelles on tire des alignemens au cordeau, à la distance d'un pied en tout sens. Ce Légume produira bien, en l'arrosant souvent & ne négligeant point d'en ôter les mauvaises Herbes.

Propriété de la Bette blanche.

SEs feuilles aident à la digestion, lachent le ventre, purifient le sang, sont émollientes & adoucissantes. Elles s'employent dans les décoctions & les lavemens : en les appliquant sur la peau enlevée par les vessicatoires & les Mouches Cantarides, elles facilitent l'écoulement des humeurs; en les mettant sur une tumeur, elles attirent la matiere. Elles sont bonnes contre les inflammations des hémorroïdes, les dissipent & fait suppurer: sa racine a la vertu de lacher le ventre aux enfans, par le moyen d'en introduire un morceau dans le fondement, après l'avoir soupoudré avec un peu de sel.

Description de la Bette-Rave.

SA racine devient grosse, longue & rouge d'un sang de bœuf. Ses feuilles sont d'un rouge noir, portées sur une côte applatie, couleur d'Amaranthe; telle couleur désigne être la bonne espéce; à l'égard de celles qui jettent beaucoup de feuilles mêlées de vert & dont la racine est marbrée, l'espéce est dégénérée, nous l'appellons Chocune, & il convient de réformer cette mauvaise espéce.

ON plante ordinairement au sortir de l'Hyver quelques Bettes-Raves pour en avoir de la graine: elles forment leurs tiges quadrangulaires, droites, d'un rouge foncé, hautes de trois pieds, garnies de plusieurs rameaux, le long desquels paroissent des petites Fleurs rougeâtres, portées sur de longs épis, sortans des aisselles des feuilles: ces Fleurs passées, il succéde une graine ronde comme un pois, de couleur purpurin, qui renferme chacune trois grains de semence brune, qui est bonne pour quatre ans.

Culture de la Bette-Rave.

C'EST toujours vers la fin du mois de Mars qu'on en ſeme la graine dans une terre argilleuſe, ſi faire ſe peut, bien fumée & profondément labourée, ſans quoi elle eſt ſujette à fourcher. Si les Bettes-Raves levent trop épais, il faut néceſſairement les éclaircir : quand elles ont atteint ſix ou huit feuilles, on les met à un pied de diſtance les unes des autres, afin de les avoir groſſes : on les déplante vers la fin d'Octobre, pour les mettre en lieu de reſerve & les garantir de la gelée.

Propriété de la Bette-Rave.

SA racine eſt très ſaine, ſe mange en ſalade avec l'Oignon, la Manche, la Chicorée ſauvage & les Cornichons : bien pilée & mêlée avec du beurre frais, elle fait un ſouverain remede contre les inflammations des hémorroides.

Deſcription de la Bonne-Dame.

IL y a deux eſpéces de bonne-Dame, la blanche & la rouge. La blanche eſt la plus en uſage dans les alimens : ſa racine eſt longue, dure & fibreuſe : ſes feuilles ſont d'un blanc jaunâtre, molles, ondées, poudrées & luisantes : elle forme une tige haute de cinq à six pieds, droite, ferme, dure & rameuse ; à l'extrémité de ses rameaux il naît de petites branches & grand nombre de Fleurs à plusieurs étamines ; ces Fleurs passées, il succéde des semences applaties & rondes qui renferment une autre graine platte couleur de fer : cette graine peut se conserver quatre ans.

Culture de la Bonne-Dame.

ON seme la graine en différens temps, depuis la fin de Février jusques dans le mois de Juin, à pleine main, ou dans des rayons tirés au cordeau à la distance de huit à dix pouces les uns des autres, dans une terre amendée & bien labourée : cette Plante croît dans toute espéce de terrein, pourvû qu'on lui donne de l'eau lorsqu'elle leve de terre, & qu'on ne la laisse point suffoquer par les méchantes Herbes.

Propriété de la Bonne-Dame.

ELLE est humectante & rafraîchissante ; amolit & relâche le ventre : fait couler les matieres recuites, dissipe les vents, relâche les parties tendues : on l'employe dans les décoctions des lavemens.

Description de la Bourrache.

LA Bourrache est plus médicinale que potagere; elle peut être aussi employée dans les soupes avec d'autres Herbes. Sa racine est longue, grosse, couleur d'un blanc gris: ses feuilles sont d'un verd foncé, larges, presque rondes, velues, rudes au toucher, picquantes & applaties sur la terre: sa tige monte à la hauteur de deux à trois pieds; elle est ronde, creuse, rameuse, tendre, garnie d'un gros poil picquant; elle se divise en plusieurs branches inclinées vers la terre. Ses Fleurs sont bleues, disposées en étoiles, & laissent après leur chûte quatre graines de figure ovale & de couleur noire, qui sont bonnes pour quatre ans.

Culture de la Bourrache.

LA Bourrache se multiplie de sa graine, qui se seme depuis Avril jusqu'en Octobre: Elle leve promptement sans beaucoup de préparation: elle croît même naturellement dans les places où il y en a eu auparavant, quoiqu'on tâche de la détruire.

Propriété de la Bourrache.

ELLE adoucit les humeurs & les acretés du sang, est pectorale, rafraîchissante, laxative, rend le sang fluide, dissoud les humeurs grossieres, excite l'expectoration, les urines & les sueurs : ses Fleurs sont employées dans les Ptisannes cordiales.

Description de la Buglose.

SA racine est longue, grosse comme le doigt, noire au dehors & blanche au dedans. Ses feuilles sont longues & peu larges, couvertes d'un petit poil hérissé, rude au toucher ; & sa couleur est d'un verd sombre : ses tiges, qui s'élevent à la hauteur de quatre à cinq pieds, sont garnies de poil picquant & se divisent en plusieurs petits rameaux, portans à leurs extrémités des Fleurs bleues ou violettes, disposées en entonnoir, formées en étoiles, & portées sur un calice, qui, après la chûte de ces Fleurs, contient trois ou quatre grains de semences noires, qu'on peut garder pendant trois ans.

Culture de la Buglose.

LA Buglose se multiplie de ses rejettons & graines qu'on seme dans le mois de Mars, sur quelques planches ou en bordures, sans beaucoup de préparation, pourvû que la terre ſoit bien apprêtée. Cette Plante eſt ſi ſouvent employée pour les beſoins de la ſanté, qu'on ne doit jamais en manquer.

Propriété de la Bugloſe.

ELLE humecte les parties altérées, fortifie l'eſtomach, adoucit les acretés du ſang & le purifie, elle excite à la joye : on l'employe dans les bouillons rafraîchiſſans, les décoctions des lavemens & dans les Ptiſannes.

Deſcription de la Capucine.

SA racine eſt jaunâtre, fine, longue & fibreuſe. La feuille eſt preſque ronde, verte par deſſus & blanchâtre par deſſous, portée ſur une longue queue ronde & droite. La tige eſt longue, ronde, rameuſe & foible, demandant le ſecours des échalats, ou des rames pour la ſoutenir : ſes Fleurs ſont belles, agréables à la vûe, compoſées chacune de cinq fleurons jaunes, découpés, ayant le fond noir & couleur de ſang, portées ſur un calice découpé en cinq parties, ſe terminant en pointe par le bas, de la figure d'un capuchon de Capucin, ce qui a donné le nom à cette Fleur, à qui étant paſſée il ſuccéde trois fruits preſque ronds, de couleur griſe, renfermés chacun dans une loge; elle eſt bonne pour quatre ans.

Culture de la Capucine.

LA graine ſe ſeme vers la fin d'Avril ſur des planches ou en rayons le long des murailles, par touffes comme les pois, après avoir bien fumé & labouré la terre. Lorſqu'elles parviennent à la hauteur de cinq à ſix pouces, il faut les paliſſer ou leur donner des rames pour les ſoutenir & les empêcher de ramper à terre. Les Boutons des Fleurs paroiſſant, on les cueille, pour les laiſſer un peu flétrir à l'ombre, on les confit enſuite dans le vinaigre : la graine ſe confit de même que les Fleurs, mais il faut les prendres jeunes & tendres.

Propriété de la Capucine.

ELLE eſt apéritive, déterſive, propre au ſcorbut, à la pierre, & excite les urines : ſes Fleurs ſe confiſent dans le vinaigre, & ſervent en ſalade.

Deſcription du Cardon d'Eſpagne.

LE Cardon eſt dans un Potager la Plante la plus ſaine. Sa racine forme un pivot épais, gros, long, tendre & charnu : ſes feuilles ſont longues, larges, découplées, diviſées en lanieres, couvertes d'un duvet blanc, pointues, épineuſes & picquantes à leurs angles : ſa tige s'eleve de quatre à cinq pieds, accompagnée de quelques rameaux, portans à leurs extrémités des têtes applaties, formées en écailles, garnies de pointes épineuses, dures, très aigues; ces têtes venant à s'ouvrir peu à peu font éclore de grosses touffes de Fleurs de couleur bleuâtre purpurin, évasées par le haut; ces Fleurs étant ternies, il succéde des semences oblongues, de couleur brune & garnies chacune d'une aigrette qui est bonne pour deux ans.

Culture du Cardon d'Espagne.

LEs Cardons d'Espagne se multiplient de graines qu'on doit semer sur Couche dans le mois d'Avril. On les plante ensuite, lorsque le Plant est assez fort, dans une terre bien amendée & bien labourée, à trois pieds les uns des autres. On ne doit point négliger de leur donner pendant l'Eté certains petits labours, suivis de plusieurs arrosemens, si le temps le demande. On les laisse croître jusqu'au mois d'Octobre, qui est le temps de les faire blanchir : s'ils sont au point de leur grosseur, on choisit un beau jour, lorsque la Plante est séche pour les lier avec de la paille & tout de suite on les empaille avec de grandes litieres, qu'on lie de même, en laissant l'extrémité des feuilles découvertes à l'air : ensuite on les butte d'un pied de terre pour les mieux blanchir & empêcher les grands vents de les rompre; on peut les laisser ainsi l'espace de quinze joers ou trois semaines, c'est un temps suffisant pour acquérir une parfaite blancheur.

Propriété du Cardon d'Espagne.

IL est pectoral, apéritif, incisif & résolutif; propre dans la pleurésie & l'hydropisie. Ses feuilles & ses côtes étant blanchies, sont tendres & sont d'usage dans les cuisines pour entremets en gras & en maigre: sa Fleur a la même vertu que la pressure de veau, elle fait cailler le lait.

Description de la Carotte.

IL y a trois espéces de Carottes cultivées, qui sont la rouge de couleur de souffre, la blanche & la jaune: ces trois espéces sont ressemblantes quant à la feuille, la tige, la Fleur & la graine. La rouge, est celle à préférer; sa racine est longue, grosse, droite, charnue & unie; ses feuilles sont grandes, vertes, découpées, menues, couvertes d'un petit poil blanc, portées sur une longue queue, verte, velue, disposée en goutieres. Sa tige monte à trois à quatre pieds, droite, noueuse, accompagnée de plusieurs rameaux, portans à leurs sommets de ombelles formées en parasol, chargées de Fleurs blanches, composées chacune de quatre fleurons inégaux: les Fleurs passées, on voit le calice qui les a porté devenir un fruit oblong, composé de deux semences grises, jointes ensemble, applaties, environnées d'un petit poil rude au toucher: elle est bonne pour deux ans.

Culture de la Carotte.

LA Carotte est une Plante des plus communes dans le Potager, par l'usage qu'on en fait dans les cuisines: elle sert toute l'année, en ce que les vieilles conduisent aux nouvelles: la graine se seme en Mars, ayant soin de la bien frotter, & d'y mêler un peu de cendre, afin qu'elles ne tombent trop drues lorsqu'on les seme. La terre doit être fumée & profondément labourée; si elles levent trop épais, on les éclaircit, on les place à six ou huit pouces les unes des autres: les fréquens labours les font grossir & détruisent les mauvaises Herbes; il faut les déplanter en Octobre, en couper le vert & les mettre ensuite dans des fosses faites en forme de tombe, d'où on les transporte dans la cave.

Propriété de la Carotte.

SA graine & sa racine sont apéritives, propres à exciter les mois & ouvrir les conduits de l'urine: ses feuilles sont vulnéraires & sudorifiques.

Description du Céleri.

IL y a plusieurs espéces de Céleri, la grosse & la petite sont à préférer aux autres. La premiere fait sa racine courte, charnue & remplie de chevelu : ses feuilles sont grandes, vertes, lisses, luisantes, d'odeur douce, de goût agréable & chaud, portées sur une longue côte jaune, large, tendre, disposée en goutiere. Sa tige est haute de deux à trois pieds, grosse, verte, noueuse & creuse, portant plusieurs rameaux, à l'extrémité desquels succédent autant de bouquets formés en ombelles, garnis de Fleurs blanches à étamines, composées de quatre fleurons. Ces Fleurs passées, il se forme des graines aussi petites que celle du persil, rayées, arrondies sur le dos, de couleur grise, d'un goût acre, chaud & odoriférant : la graine se conserve quatre ans.

La racine de la seconde espéce est longue, droite, blanche & fibreuse, elle charge plusieurs rejettons sur sa souche, tendres, de saveur agréable & douce. Ses feuilles sont vertes, s'inclinant la plûpart sur la terre, découpées profondément : la côte en est quelquefois rougeâtre.

Culture du Céleri.

LE Céleri est une Plante annuelle & des plus en usage dans les maisons : on en seme la graine sur Couche dans le mois de Mars & au commencement de Mai, afin d'en avoir qui se succéde. Cette graine étant très fine, il faut la semer bien clair; si, malgré cette attention, elle leve trop épais, il faut nécessairement l'éclaircir pour lui procurer une belle croissance & être repicquée en pépiniere à la distance de cinq ou six pouces d'une Plante à l'autre : lorsque le Céleri est assez fortifié, on le déplante avec sa petite motte de terre autour des racines pour le mettre dans des rigolles aussi longues que le terrein le permet, d'un pied de profondeur & d'un pied & demi de largeur, pour y placer deux rangées à la distance de six à huit pouces d'une Plante à l'autre : la terre qui lui est propre doit être forte, c'est-à dire, bien fumée dans les rigolles.

LE Céleri se plante aussi en pleine terre sur des planches à trois rangées chacune, observant de laisser trois pieds de terrein vuide entre chaque planche, pour plus grande facilité de le butter le plus haut qu'il est possible.

LORSQUE le Céleri est planté, soit en rigolles, soit en planches, il faut l'arroser souvent surtout dans les grandes chaleurs, & arracher les mauvaises Herbes qui croissent autour; ce petit ſoin dure juſqu'au temps qu'on le veut faire blanchir ; alors on rabat & on releve la terre à côté des rigolles : quant à celui en pleine terre, (car c'eſt toujours à deux ou trois fois qu'il faut motteler le Céleri,) on ſe ſert de celle qui eſt entre les planches. Un mois ou ſix ſemaines ſuffiſent pour lui procurer une parfaite blancheur.

COMME cette planche eſt des plus ſuſceptible de gelée, on doit la mettre à l'abri par le ſecours des longs fumiers épanchés deſſus, ou la déplanter & la tranſporter en lieux tempérés.

Propriété du Céleri.

LE Céleri eſt chaud, il fortifie l'eſtomach, eſt apéritif & pectoral ; il eſt carminatif, hiſtérique, aide à la digeſtion, excite les urines & les mois aux Femmes, provoque les crachats ; ſa graine eſt une des quatre ſemences chaudes.

Deſcription du Cerfeuil.

SA racine eſt blanche, droite, unie, chevelue & fibreuſe. Ses feuilles ont beaucoup de reſſemblance à celle du Perſil, mais plus petites. Sa tige vient haute de deux à trois pieds, creuſe, noueuſe, moelleuſe, liſſe, rameuſe, de

couleur

couleur rougeâtre ; la Fleur en eſt blanche, diſpoſée en paraſol, compoſée chacune de quatre fleurons inégaux, diſpoſée en forme de roſes & autant d'étamines ſoutenues par un calice : ces Fleurs étant paſſées, il ſuccéde deux graines tenantes l'une à l'autre, longues & pointues, de couleur noire : la graine peut ſervir pour deux ans.

Culture du Cerfeuil.

LE Cerfeuil eſt une Plante annuelle : ſa graine ſe ſeme depuis Février juſqu'en Septembre à la volée & fort épais, en platte bandes, ſur planches ou en rayons. Sa culture n'eſt pas bien difficile, dès que la terre eſt tant ſoit peu fumée & bien labourée : il produira bien en ne négligeant point de l'arroſer dans le beſoin : cette Plante étant ſouvent employée pour la ſanté, on doit toujours en avoir abondamment au Jardin.

Propriété du Cerfeuil.

IL eſt rafraîchiſſant, purifie le ſang, diſſoud celui caillé, eſt apéritiſ, propre aux rétentions & inflammations, emporte les obſtructions, attenue la pierre des reins, & on l'applique en Cataplaſme ſur les Heréſippelles.

Description du Champignon.

LEs Champignons se produisent de plusieurs manieres : ils naissent dans les Champs, Prez & Marais, & d'autres par artifice. C'est de ce dernier que je dois parler, comme croissant par l'effet de l'art avec le secours du fumier ; quoiqu'ils ne soient pas si parfait au goût que ceux produits par la nature, ils n'ont pas moins de mérite, & viennent dans toutes les Saisons de l'année.

SA figure est ronde, sa couleur blanche, revêtue d'une peau très-mince, il est assis sur sa pédicule qui est courte, ronde & blanche, tenante au fumier qui le produit : s'il n'est point cueilli dans le temps d'en faire usage, il s'élargit peu à peu en forme de guéridon ; sa chair est spongieuse, couvert de terre ou de fumier, il est blanc par dessus, & feuilleté d'un rouge pâle par dessous : il devient gris étant découvert, quoique les gris soient plus fermes, les blancs sont à préférer, parce qu'ils ont la chair tendre, facile à rompre, d'odeur agréable, & d'un gout parfait.

Culture du Champignon.

LE Champignon eſt une eſpéce de fruit de Jardin, qui a ſon mérite particulier : voici la maniere de s'en procurer.

FAIRE une proviſion de fumier de Cheval, de Mulet ou d'Ane, neuf, court rempli de crottins, le mettre à l'abri des pluyes l'eſpace d'un mois, & lorſqu'il eſt un peu moiſi, former de ce fumier une Couche à la hauteur de deux pieds & demi, large de trois, prendre ſoin de la bien piétiner en la dreſſant en forme de dos d'âne : ſix ou huit jours après, diſtribuer ſur cette Couche, de pied en pied, une bonne pincée de ſel armoniac & du ſon de froment qu'on couvre auſſitôt d'un pouce de crottin de fumier ; laiſſer la Couche en cet état l'eſpace de quinze jours, après quoi employer du vieux terreau ou une bonne terre pour couvrir la ſuperficie de la Couche à l'épaiſſeur de deux pouces ſeulement. Huit jours après la charger de trois pouces de grandes litieres pour couverture, cela fini, on laiſſe la Couche tranquille juſqu'au temps que les Champignons ſe montrent, ce qui demande deux ou trois mois d'attente ; alors on fait la viſite tous les deux ou trois jours pour cueillir ceux de groſſeur convenable. Toutes les fois qu'on recueille des Champignons, il faut avoir attention de remettre la litiere au même état, donner une petite baſſinure d'eau ſur la litiere, ſi elle ſe trouve ſéche faute de pluyes, ou ſi le temps n'y eſt diſpoſé, parce qu'il faut néceſſairement que le deſſus de la Couche, qui s'appelle en terme de Jardinage (Gobeture) ſoit toujours d'un ſouple humide; ces ſortes de Couches produiſent pour l'ordinaire deux ou trois mois.

QUAND la Couche a donné des Champignons l'eſpace de trois ſemaines ou un mois ſeulement, il faut en tirer du blanc, ſans attendre qu'il ſoit épuiſé; le blanc ſe trouve ſous les places où ſont venus les Champignons: on l'emporte pour l'enfermer en lieu ſec, & il peut ſe conſerver un an ou dix-huit mois. Le blanc, puiſque tel on le nomme, eſt une partie du fumier qui ſe trouve ſous la racine du Champignon, qui fait une eſpéce de croute épaiſſe de deux ou trois pouces, remplie d'une eſpéce de duvet blanc velouté, renfermant avec lui une qualité fructifiante, & ſi j'oſe le dire, la ſemence du Champignon.

LORSQU'ON eſt une fois fourni de ce blanc par le moyen d'une premiere Couche, c'eſt une avantage eſſentiel, pour en faire uſage ſur d'autres nouvelles Couches que nous appellons pour lors meule de Champignons.

La maniere de bâtir une Meule de Champignons.

APRE's avoir destiné une place pour recevoir une Meule de Champignons, on y apporte du fumier de Cheval, neuf, court & rempli de crottins, qu'on a pris soin de laisser un peu moisir l'espace de quinze jours à couvert, c'est-à-dire, à l'abri des fortes pluyes : on en dresse la meule aussi longue qu'on le juge nécessaire, sur trois pieds de largeur & autant de hauteur, & on l'arrose copieusement ; cela fait, on la laisse quatre à cinq jours, après lesquels on se met en devoir de la détruire, de la bien remuer, & de rafiner à fond ce fumier ; on remonte ensuite la meule en forme de dos d'âne, prenant les mesures nécessaires pour la réduire à trois pieds de largeur sur deux & demi de hauteur : on laisse cette nouvelle meule en cet état pendant huit jours, parce qu'il faut avoir égard au trop ou trop peu de chaleur du fumier : cette chaleur doit être tempérée pour y déposer le blanc, de crainte qu'il ne brûle ; après ce temps on prend le blanc, qu'il faut rompre par morceaux gros comme la moitié du poing, & de pied en pied on l'enfonce dans la meule environ deux pouces, en rabattant le fumier dessus. Cela fait, on laisse le tout reposer l'espace de dix à douze jours jusqu'à ce que le blanc soit pris & attaché au fumier ; alors il faut gobeter la meule, c'eſt-à-dire, la couvrir entierement de deux pouces de terre argilleuſe ou de terreau, & huit à douze jours après la recouvrir encore de deux ou trois pouces de grandes litieres.

SI cette grande litiere venoit à ſécher faute de pluyes, il faut l'arroſer médiocrement deſſus, parce que la terre deſſous cette litiere, qui eſt la gobeture, doit toujours être humide, on laiſſe en repos la meule pendant trente à quarante jours, on la découvre enſuite pour voir ſi les Champignons paroiſſent, & ſi le deſſus des places lardées de blanc ſont de couleur blanc violet, c'eſt un ſigne évident que les Champignons ſe montreront peu après. Sçavoir à quoi la meule en eſt, & la recouvrir; huit jours après revenir & viſiter ſi tout va bien, & lorſqu'on commence à cueillir, joint à un temps favorable, on fera d'abondantes recoltes pendant trois ou quatre mois.

IL faut être exact à tirer du blanc lorſque la meule commence à donner; il en eſt meilleur, a plus de force, de vigueur & de vivacité. Il prend & s'attache auſſitôt ſur les meules où il eſt mis en uſage.

S'IL y a des Couches ou des meules de Champignons expoſées aux injures des fortes pluyes, ou pendant l'hyver, qu'on eſt ſur le point de voir tout périr, il faut être exact à recharger la couverture de quelques pouces de grandes litieres, & des paillaſſons par deſſus, de crainte que les pluyes abondantes & la gelée pénétrent.

Les Curieux qui veulent avoir l'agrément des Champignons dans l'Hyver, doivent à cet effet bâtir quelques meules dans un soûterrain, tel que dans des caves profondes ou des serres chaudes : on y réussit également, & mieux en cette Saison qu'au grand air : le fruit en est plus beau & plus blanc.

Au mois d'Octobre il faut du fumier neuf, court, rempli de crottins & reposé de huit à quinze jours en lieu sec, on le transporte dans l'endroit destiné, on monte la meule à deux pieds de hauteur sur trois ou quatre de large : il n'est pas nécessaire qu'elle soit formée en dos d'âne, mais plus applatie ; la meule étant achevée, on l'arrose ; ensuite on la laisse reposer huit à quinze jours ; après quoi on y dépose le blanc, comme il a été dit, de pied en pied, sur cette meule. huit jours après il faut gobeter la meule avec deux pouces de terre argilleuse ou terreau, puis on la laisse ainsi sans la couvrir de grandes litieres : on a seulement soin de bien boucher les soupiraux pour empêcher la froidure d'y pénétrer, parce que plus il fait chaud, mieux vaut. On y fera d'abondantes recoltes, si on ne néglige point d'arroser la gobeture, quand on la trouvera à peu près séche. Une attention particuliere & que je ne sçaurois trop recommander, c'est de ne point laisser approcher des Couches ou meules de Champignons les personnes du sexe, surtout lorsqu'elles sont dans un certain temps, il n'en faut pas davantage pour faire tout périr.

Propriété du Champignon.

LE Champignon eſt nourriſſant, fortifiant, reſtaurant, excite l'apétit, donne de la vigueur; il entre dans preſque tous les ragouts. Il ſe farcit, fait des fritures, ſe mange ſur le gril, on en fait des mets particuliers à la crême, eſt d'uſage dans les entre-mets & ſur le deſſus d'un pain, que nous appellons pain en croute de Champignon.

Deſcription du Chérui.

SA racine eſt blanche, longue de cinq à ſix pouces, groſſe comme le doigt, droite, inégale, tendre, aiſée à rompre, attachée à une eſpéce de collet garni de petits filamens ſemblables aux panais. Ses feuilles ſont de même, mais plus petites: ſa tige eſt brancheuſe, moelleuſe, haute de deux à trois pieds: ſa Fleur eſt blanche, compoſée de quatre fleurons, diſpoſés en ombelles, qui dans la ſuite ſe changent dans des graines oblongues, rayées ſur le dos, convexes de l'autre, ſemblables à celle du perſil, de couleur rouſſeâtre.

Culture du Chérui.

SA Plante eſt vivace, ſe multiplie de graines & de ſes rejettons qu'on ſépare des groſſes touffes en pluſieurs petites. On les plante en Avril dans une terre argilleuſe, ſi faire ſe peut, & bien préparée : on tire des alignemens au cordeau à la diſtance de ſept à huit pouces les uns des autres, ainſi des Plantes. Il faut les arroſer au beſoin & arracher toutes les mauvaiſes Herbes.

Propriété du Chérui.

SA racine étant cuite, eſt ſucrée, douce & tendre, propre aux tempéramens froids, elle provoque la ſemence.

Deſcription de la Chicorée Sauvage.

SA racine eſt groſſe, longue, blanche, charnue, remplie d'un ſuc laiteux & amer. Ses feuilles ſont longues, découpées légérement, inciſées d'un vert foncé, couvertes d'un petit poil ; ſes côtes & ſes veines, ſont quelquefois d'un rouge vif, ſa tige monte à quatre à cinq pieds, groſſe, ronde, velue, creuſe & rameuſe. Ses Fleurs de couleur bleue qui naiſſent le long de ſes rameaux étant paſſées, il ſe forme un calice renfermant des petites graines longues, menues & de couleur grisâtre : la graine est bonne pour trois ans.

Culture de la Chicorée Sauvage.

ON en seme la graine en Mai dans une terre bien préparée. Il faut l'éclaircir lorsqu'elle leve trop drue, & placer les Plantes à six pouces les unes des autres pour les rendre plus fortes. La Chicorée Sauvage se déplante vers la mi-Novembre, pour la replanter dans des caves ou dans des bôves profondes, parce qu'où il y a plus de profondeur, plus il y a de chaleur dans l'Hyver, & plus la Chicorée produit : on doit aussi planter par accompagnement quelques Bettes-Raves, pour en avoir les feuilles, ce qui fait un coup d'œil charmant par le mêlange du blanc avec le Rouge.

Propriété de la Chicorée Sauvage.

ELLE est apéritive, purgative, détersive, purifie le sang, leve les obstructions, on employe ses feuilles & racines dans les Ptisannes rafraîchissantes.

DU CHOUX.

DE toutes les Plantes Potageres, le Choux eſt le plus ruſtique & le plus facile à cultiver, à l'exception du Choux-Fleur, qui demande un peu plus de ſoin.

ON prétend qu'il y a plus de trente eſpéces différentes de Choux ; mais la plûpart de ceux dégénérés proviennent des bons & des véritables : les climats ainſi que la plûpart des terreins occaſionnent ce changement : voici les plus connus & qui méritent d'être cultivés.

Le Choux-Fleur.
Le Choux blanc.
Le Choux friſé hatif.
Le Choux de Savoye friſé.
Le Choux pommé ordinaire.
Le Choux pancalier.
Le Choux de Milan.
Le Choux à la groſſe côte.
Le Choux Rave.
Et le Choux rouge.

JE crois qu'une dixaine d'eſpéces ſont ſuffiſantes à planter dans un vaſte Jardin, pour la conſommation d'une forte maiſon, & je commencerai par les Choux-Fleurs, qui de tous eſt celui qu'on eſtime le plus.

Description du Choux-Fleur.

SEs feuilles ſont amples, longues depuis un pied & demi juſqu'à deux, entieres, ſans découpures dentelées ſur leurs bords, d'un beau vert ardoiſé & traverſées de nerfs blancheâtres. Sa tige eſt courte, ſa pomme blanche ſortant du centre, elle eſt compoſée de pluſieurs tiges, épaiſſes, charnues, blanches, naiſſantes les unes des autres, finiſſant par une groſſe touffe de Fleurs blanches & tendres, qui ſont les ſeules parties que l'on mange. Si elles ne ſont point coupées dans le temps fixé, c'eſt-à-dire, lorſqu'elles ſont bien pommées, elles ſe développent peu à peu, font leurs tiges hautes de deux à trois pieds, garnies de pluſieurs branches rameuſes, chargées de Fleurs jaunes à quatre fleurons diſpoſés en croix : ces Fleurs étant tombées, il leur ſuccéde des longues ſiliques diviſées par une cloiſon en deux loges remplies d'une graine ronde, menue & de couleur noire : cette graine eſt bonne pour ſix ans.

Culture du Choux-Fleur.

ON ſeme la graine du Choux-Fleur ſur Couche vers la mi-Mai ; quand elle eſt bien levée, on l'arroſe, & lorſqu'on le juge en état d'être planté, il faut lui préparer une terre exprès, c'est-à-dire, amendée comme il faut, & labourée en différens temps, ce qui fait une espece de gachere : on en plante des quarrés entiers à la distance de trois pieds les uns des autres, abordans en tous sens : quand ils sont plantés, (ce qui se fait vers la fin de Juin,) il faut leur donner de fréquens arrosemens & de fréquens labours pour les aider à prendre une belle croissance.

LA graine de Choux-Fleur se seme aussi en pleine terre au défaut de Couche au commencement de Mai ; mais comme il est à craindre que la Lisette, surnommée le Puceron noir, ne s'y jette pour la détruire : il faut prévenir ce mal par le secours des cendres que l'on seme dessus lorsqu'ils commencent à lever & à sortir de terre : on doit semer ces cendres le matin que le terrein est mouillé de la rosée.

LORSQUE le Choux Fleur commence à faire sa pomme, il convient de l'envelopper de ses feuilles, & les lier avec un peu de paille, pour lui faire acquérir plus promptement perfection de blancheur.

Description du Choux blanc.

SEs feuilles sont larges, rondes, découpées, vertes, attachées à des queues courtes, grosses, charnues, garnies de nerfs & de côtes blancheâtres. Il a sa tige basse, grosse, couverte d'une écorse épaisse, grossiere ; remplie d'une substance moelleuse & d'un goût acre, tirant sur le doux. Quand le Choux veut faire sa pomme, ses feuilles naissent au centre de sa tige, elles s'approchent & se couchent les unes sur les autres, elles s'embrassent & se compriment si étroitement en s'enveloppant, qu'elles forment une grosse tête applatie, un peu ronde & massive, qui pese quelquefois quinze à vingt livres : ses Fleurs naissent au Printemps suivant sur une tige haute de deux à trois pieds, droites & brancheuses de couleur jaune, composées de quatre fleurons disposés en forme de croix : ses Fleurs étant tombées, il succéde des longues siliques étroites & pointues, remplies de graines noires, séparées par une cloison en deux loges ; ces graines sont bonnes pour cinq ans.

Description du choux de Savoye frisé.

SA feuille est couleur d'un gros vert foncé, ridé & frisé. Sa tige s'éleve d'un pied avant de faire sa pomme. Elle jette beaucoup de feuilles traversées & remplies de côtes attachées à des queues courtes ; sa pomme devient grosse, dure, serrée, ronde, quelquefois applatie ou ovale ; ses Fleurs sont jaunes, disposées en croix, elles laissent après leur chûte, des siliques remplies de graines noires, divisées par une cloiſon en deux loges ; la graine eſt bonne pour ſix ans.

Deſcription du Choux rouge.

SEs feuilles ſont larges, de couleur purpurin noirâtre, parſemées de couleurs obſcures & traverſées de côtes rouges. Sa tige de couleur purpurin, noire & brancheuſe, s'éleve de trois à quatre pieds ; elle produit des Fleurs jaunes, compoſées de quatre fleurons diſpoſés en croix ; étant tombées, il leur ſuccéde des longues ſiliques où ſont renfermées en deux loges par une cloiſon, comme toutes les autres eſpéces de Choux, des graines rondes, rougeâtres, bonnes pour ſix ans. Les racines de Choux rouge ſont blanches, nombreuſes, chevelues & fibreuſes.

Culture des Choux.

LEs Choux ſe multiplient de graines provenant des meilleurs eſpéces & de ceux les mieux pommés, qu'on replante au mois de Mars en pleine terre : pour les aider à pouſſer leurs tiges, on les coupe en forme de croix. La graine de toutes eſpéces de Choux à pommer ſe ſeme ſur Couche au commencement de Mars, & au défaut des Couches, en pleine terre bien fumée & préparée à une bonne exposition, s'ils levent trop épais, il faut les éclaircir & surtout les arroser au besoin : on en plante des quarrés entiers que l'on doit avoir soin de bien fumer & labourer plusieurs fois la terre, parce que plus elle est remuée, meilleure elle est.

On plante les Choux vers le commencement de Juin à trois pieds les uns des autres en tous sens ; on ne doit point négliger de les arroser, comme aussi de leur donner certains petits labours de temps à autres, ces attentions font périr les mauvaises Herbes & croître les Choux à vûe d'œil.

On seme encore la graine de Choux vers la mi-Août, pour les repicquer en pépiniere à quelques bons abris en Octobre, & les transplanter au mois de Mars suivant dans une terre bien fumée & bien préparée ; on a l'agrément de les voir pommés dans le mois de Juillet, & ils peuvent se conserver pour l'usage jusques dans l'Hyver.

Sur la fin de Novembre, on déplante les Choux, pour les replanter en pépiniere un peu courbés, le long de quelques murailles à l'abri des fortes gelées, on les couvre de grandes & longues litieres. Ils peuvent se conserver jusques dans le Carême : après la recolte des Choux, on arrache les pieds, on laisse reposer la terre jusqu'au mois de Mars, pour lors on donne un labour pour y semer des Oignons.

Propriété

Propriété des Choux.

LEs Choux ſont laxatifs, aſtringens ; ils lâchent le ventre par leurs parties ſubtiles. Ils ſont vulnéraires, détergent, conſolident les playes, & leurs graines tuënt les vers.

LE Choux rouge eſt ſtomachal, ſoulage les maux de poitrine, ranime les forces abattuës, arrête le tremblement des membres, eſt favorable à la vûe, bon pour les Ulceres, Cancers & Dartres, il fait mourir les vers. On s'en ſert avec ſuccès dans les maladies des poulmons & de la poitrine, il recouvre la voix éteinte, & appaiſe la toux.

Deſcription de la Ciboule.

SA racine forme une aſſemblage de pluſieurs bulbes, allongées, blanches, cheveluës ; ſes feuilles ſont longues, rondes, fiſtuleuſes & pointuës ; ſa tige en forme de tuyau eſt haute de trois pieds, droite, nue, enflée par le milieu, portant à l'extrémité une tête pareille à celle de l'Oignon. Sa Fleur eſt blanche, compoſée de pluſieurs étamines ; le calice qui les porte, ſe change enſuite dans des fruits arrondis, partagés en trois loges remplies de graines triangulaires & noires, qui ſont bonnes pour deux ans.

Culture de la ciboule.

ON ſeme la graine de Ciboule en Mars, pour la rendre profitable, elle ſe replante en Juin. On dreſſe une ou pluſieurs planches, on trace des petits rayons à ſix ou huit pouces de diſtance, on en joint trois ou quatre enſemble; on les plante enſuite à demi pied les uns des autres, enfoncées en terre de deux pouces, ces petites touffes groſſiſſent & fourniſſent abondamment juſqu'au Printemps, qui eſt la Saiſon de faire leurs graines. Elle peut ſuppléer au défaut d'Oignons.

Propriété de la ciboule.

ELLE eſt auſſi néceſſaire dans les cuiſines que les Oignons; elle s'employe dans les ragoûts en gras, en maigre, dans les Légumes, les œufs & les ſalades; une poignée de Ciboule & autant de Cerfeuil infuſés dans un pot d'eau, pris par moitié le dernier jour de la Lune & l'autre moitié, le premier jour de la Lune ſuivante eſt un ſouverain reméde aux perſonnes qui tombent du haut mal ou mal caduc.

Description de la Citrouille.

SA racine eſt jauneâtre, droite, ſerpentante, fibreuſe & cheveluë. Ses tiges ſont longues de trois à quatre toiſes, groſſes, creuſes, rampantes ſur terre, couvertes d'un petit poil rude & picquant: ſes feuilles comme ſes tiges ſont veluës, hériſſées, grandes, larges, profondément découpées; ſa Fleur eſt jaune, diſpoſée en forme de cloches, diviſées en cinq parties. Il y en a de fécondes, d'autres ſtériles; quand la premiere eſt paſſée, il ſuccéde des gros fruits longs, charnus, couverts d'une écorce aſſez rude, liſſe, d'un vert obſcure; la chair eſt blanche ferme, d'une ſaveur douce. Sa graine eſt au milieu du fruit diviſé en quatre parties; elle eſt longue, applatie, couverte d'une écorce blanche, renfermant une amande blanche & agréable au goût: elle ſe conſerve quatre ans.

Culture de la Citrouille.

CELUI qui veut cultiver des Citrouilles, doit avoir un grand terrein, parce que leurs branches s'étendent bien loin. On commence par faire des foſſes en terre de cinq à ſix pouces de profondeur, larges comme le fond d'un chapeau, qu'on remplit de terreau; on y dépoſe quatre à cinq grains de ſemences qu'il faut couvrir aussitôt qu'elles sont plantées, elle produiront bien en les arrosant au besoin ; c'es ordinairement vers la mi-Mai que ce travai doit se faire.

Propriété de la citrouille.

SA chair est humectante, conserve la poitrine ; est pectorale, rafraîchissante, propre à tempérer la chaleur des entrailles, étant prise en décoction. Sa graine tempére l'ardeur de l'urine & de la vessie ; elle rafraîchit le sang & en adoucit les acretés.

Description de la civette.

LA Civette est une espéce de Ciboule, mais plus petite, plus fine & plus déliée, qui vient par touffes, se multipliant de ses racines qui sont blanches, garnies de chevelu, sur lesquelles naissent nombre de petites bulbes. Ses feuilles sont fines, rondes, longues, pointuës, d'un beau vert clair ; sa tige est haute de six ou huit pouces, terminée par des têtes ou des petits bouquets ronds, remplis de Fleurs de couleur purpurin.

Culture de la Civette.

CETTE Plante se multiplie par le moyen des grosses touffes qu'on déplante & qu'on sépare en petites, qu'il faut replanter en bordures à quatre ou cinq pouces les unes des autres; si la terre est bien préparée, cela suffit, n'étant pas d'une nature difficile à cultiver.

Propriété de la Civette.

SEs feuilles sont d'usage au Printemps pour être servie avec d'autres Herbes en fournitures de salade & dans l'accompagnement des Herbelettes.

Description du Concombre.

SA racine est fibreuse, longue, blanchcâtre, serpentante sous la superficie de la terre. Ses tiges sont larges, rampantes & garnies de vriles, pour s'accrocher. Ses feuilles sont grandes, découpées & couvertes d'un petit poil rude au toucher; ses Fleurs sont jaunes, disposées en cloches & divisées en cinq parties, il produit des fruits gros comme le bras, longs droits ou courbés, verts ou jaunes, selon l'espéce, garnis de quelques petits boutons sur une écorce tendre, verte ou jaune; sa chair est blanche, ferme & succulente; sa graine est jauneâtre, oblongue, pointuë aux deux extrémités, divisées dans le milieu du fruit en quatre parties, renfermant une petite amande douce, agréable au goût & blanche, qui peut se conserver trois ans.

Culture du Concombre.

LA graine de Concombre se seme sur Couches & sous Cloches dans les mois de Mars & Avril; on les replante vers la mi-Mai, sur d'autres Couches ou en pleine terre dans des fosses profondes de quatre à cinq pouces, larges comme la forme d'un chapeau, remplies de terreau, éloignées de trois ou quatre pieds d'une fosse à l'autre; ils produiront bien, en ne négligeant pas de les arroser dans les grandes chaleurs.

Propriété du concombre.

LE Concombre est sain, rafraîchissant dans les maladies des reins & de la vessie, causées par échauffement, il est humectant, adoucit, tempére les acretés des humeurs, modére le trop de mouvement du sang, il est des plus en usage pour mettre en Cornichons; il faut toujours employer les plus petits à confire dans le vinaigre blanc, on y ajoute une poignée d'Estragon, de Perce-Pierre & des poivres longs, pour ceux qui les aiment.

Deſcription de creſſon.

SA racine eſt blanche, droite, dure & fibreuſe. Sa feuille eſt découpée profondément, unie, friſée ou crepée, ſelon l'eſpéce & d'un vert foncé; ſa tige monte à deux ou trois pieds, droite & rameuſe; ſa Fleur eſt blanche, compoſée de quatre fleurons diſpoſés en croix; ces Fleurs étant paſſées, il leur ſuccéde des graines ovales, de couleur jauneâtre orangere, d'un goût fort & brûlant, elles ſont bonnes pour quatre ans.

Culture du creſſon.

LE Creſſon friſé eſt celui de la meilleure eſpéce: la graine ſe ſeme ſur planches, en plattes bandes ou en rayons depuis la fin de Février juſques dans le mois d'Août, & toujours dans une terre bien préparée; on en ſeme tous les mois, afin d'en avoir qui ſuccéde l'un à l'autre. En l'arroſant au beſoin, il viendra bien.

Propriété du creſſon.

SEs feuilles comme ſes graines ſont chaudes, inciſives, apéritives, anti-ſcorbutiques, elles purifient le ſang, aident à la reſpiration, ſont ſternutatoires & la graine tuë les vers aux Enfans.

Description de l'Echalotte.

L'ECHALOTTE fait un assemblage de plusieurs bulbes allongées, d'un rouge pâle, ayant l'odeur & le goût plus fort que l'Oignon ; ses feuilles sont longues, rondes, menuës, sans tiges & sans Fleurs.

Culture de l'Echalotte.

ON plante l'Echalotte en Mars & en Octobre en plattes bandes ou sur quelques planchées tirées au cordeau à la distance de quatre à cinq pouces seulement les unes des autres ; il faut les sarcler & les arroser pour les avoir belles, & avoir attention de les déchausser quelque temps avant leur maturité, pour en éviter la pourriture ; une terre argilleuse, jauneâtre & douce convient à l'Echalotte.

Propriété de l'Echalotte.

L'ECHALOTTE est apéritive, propre aux retentions d'urine, à la pierre & bonne contre le mauvais air, ouvre l'appétit, est d'usage dans les cuisines, releve le goût & entre dans la plûpart des sausses.

Deſcription de l'Endive.

L'ENDIVE eſt une plante utile & des plus ſalutaires dans un Jardin. Il y en a d'une quinzaine d'eſpéces ; mais la plûpart dégénérées. Voici celles parvenuës à ma connoiſſance.

La groſſe friſée.
La fine profondément découpée.
La Régence.
La courte friſée.
La haute inciſée.
Et la Scariolle.

CES ſix eſpéces ne différent entre elles que par leurs feuilles, plus ou moins grandes, larges, découpées, inciſées ou friſées.

LA racine eſt cheveluë, fibreuſe & laiteuſe; ſa feuille eſt longue, large, ſe couchant ſur la terre en rondeur, friſée, découpée & dentellée ſur les bords, d'un goût amer ; il s'éleve du centre une tige haute de deux à trois pieds, unie, cannelée, creuſe, rameuſe, & laiteuſe ; ſes Fleurs naiſſent des aiſſelles ou du fond de ſes feuilles le long de ſes rameaux ; elles ſont compoſées de pluſieurs fleurons bleus, portés ſur un long calice : ces Fleurs étant paſſées, il ſuccéde des graines oblongues, pointuës d'un côté, ovales de l'autre, de couleur cendrée & bonne pour deux ans.

Culture de l'Endive.

L'ENDIVE est une Plante annuelle, elle se multiplie de sa graine, qui doit se semer vers la mi-Mai; en la semant plutôt, elle seroit sujette à monter en graines: on doit la semer clairement, & si elle leve trop épais, il faut l'eclaircir, pour lui procurer belle croissance.

L'ENDIVE se plante en plattes bandes, ou sur des planches bien fumées & bien préparées, à la distance d'un grand pied les unes des autres; elle se seme en plusieurs temps. On commence dans le mois de Mai & successivement en Juin, Juillet & premiers jours d'Août, afin d'en avoir pendant l'Eté, l'Automne & l'Hyver, & toujours dans une terre bien préparée, qu'il faut arroser au besoin, & surtout arracher les mauvaises Herbes qui l'entourent souvent & l'empêchent de profiter.

POUR faire blanchir l'Endive, on choisit un temps sec, à la rosée, le matin, parce que le trop d'humidité la fait pourrir, & la grande sécheresse l'empêche de blanchir; on lie l'Endive à trois ou quatre endroits: à proportion de sa grosseur & de sa hauteur; huit jours après elle est blanche autant qu'il le faut; on doit toujours commencer à lier les plus fortes & laisser croître les plus foibles, jusqu'à ce qu'on les juge propres à faire blanchir.

LORSQUE les froidures veulent saisir les dernieres Endives plantées, avant d'être blanches, il faut les emporter dans la ſerre ou les mettre à la cave, elles blanchiront plus promptement.

Propriété de l'Endive.

ELLE eſt humectante, apéritive, déterſive & rafraîchiſſante, très en uſage dans les cuiſines, ſe mange cruë en ſalade; cuite en gras & en maigre, s'allie parfaitement avec les viandes roties ou bouillies, ſous un gigot ou avec les poulets.

Deſcription de l'Epinard.

SA racine eſt blanche, courte, groſſe & fibreuſe; ſes feuilles ſont longues, larges, pointuës, tendres, molles, couleur d'un vert gai, portées ſur de longues queuës; ſa tige monte à trois ou quatre pieds, droite, creuſe, rameuſe, revêtue depuis le milieu juſqu'en haut de fleurs par pelottons, à étamines, de couleur herbeuſe; à la ſuite des Fleurs ſuccédent des graines rondes, ovales, de couleur bruneâtre, & d'autres épineuſes, triangulaires, bonnes pour deux ans.

Culture de l'Epinard.

L'EPINARD eſt une Plante annuelle, on en ſeme la graine depuis Février juſques en Mai, ſi on la ſeme dans un temps plus avancé, c'eſt-à-dire, dans les chaleurs de l'Eté, elle monte d'abord en graines, à moins de lui donner de l'eau à force.

QUANT à celui que l'on veut ſe procurer pour l'Automne & au ſortir de l'Hyver, on en ſeme la graine depuis la mi-Août juſques en Septembre en plein champ ou ſur des planches bien labourées ; on trace des petits rayons au cordeau à la diſtance d'un pied les uns des autres, profond de deux pouces ſeulement ; on ſeme dans ces rayons la graine à claire voye, la recouvrant auſſitôt de terre, en tenant les pieds ſur les côtés. Il eſt néceſſaire de les arroſer dans le beſoin & d'en arracher les mauvaiſes Herbes.

Propriété de l'Epinard.

L'EPINARD amollit le ventre, rafraîchit les chaleurs des entrailles, purifie, adoucit les acretés du ſang ; eſt d'uſage en toute Saiſon dans les cuiſines en gras & en maigre.

Description de l'Estragon.

SA racine est jauneâtre, longue & fibreuse, jette des tiges qui s'élevent de trois ou quatre pieds, & chargées de rameaux remplis de longues feuilles étroites, d'un vert luisant, d'un goût chaud, aromatique & agréable ; aux extrémités des rameaux naissent des Fleurs presqu'imperceptibles, d'un vert pâle ; ces Fleurs étant passées, il succéde des petits fruits arrondis, écailleux, remplis d'une semence de couleur cendrée.

Culture de l'Estragon.

TELLE est la nature de l'Estragon, il périt de vieillesse si on ne le transplante tous les trois ou quatre ans. La Plante est vivace, se multiplie de ses rejettons en racines, qu'il faut planter en Mai sur des planches ou plattes bandes à quatre ou cinq pouces d'une Plante à l'autre : il faut essentiellement le sarcler & l'arroser au besoin. Ses tiges se coupent vers la fin d'Octobre, ayant attention de ne point les éclater ni les déraciner, parce qu'elles tiennent très-peu à la terre. L'Estragon se conserve par le secours de longs fumiers à répandre dessus, & qu'on retire au sortir de l'Hyver ; quoique cette Plante paroisse assez forte pour résister aux injures des froidures, elle n'eſt pas moins ſuſceptible & tendre à la gelée.

Propriété de l'Eſtragon.

L'ESTRAGON eſt ſtomachal, fortifie le cœur, ouvre les pores, eſt apéritif, incifif, ſudorifique, provoque l'urine & les mois au Sexe, chaſſe les vents, excite les crachats & l'appétit, propre dans le Scorbut, réſiſte au venin, eſt en uſage pour confire avec les Cornichons.

Deſcription du Fenouil.

SA racine eſt groſſe, droite, blanche, unie, ayant de l'odeur, d'un goût fort & aromatique; ſa tige monte à quatre & cinq pieds, droite, canelée, liſſe, moëlleuſe, couverte d'une écorce mince, unie & d'un vert foncé: ſes feuilles ſont grandes, déliées finement, portées ſur une longue queuë formée en tuyau qui embraſſe preſque toute la tige ou rameau: il produit à leurs extrémités des grandes ombelles formées en paraſol, chargées de Fleurs jaunes & odoriférantes: ces Fleurs paſſées, il ſuccéde des ſemences oblongues, arrondies d'un côté & convexes de l'autre, de couleur brune, de goût & d'odeur douce: la ſemence eſt bonne pour trois ans.

Culture du Fenouil.

LE Fenouil eſt une Plante vivace & peut réſiſter pluſieurs années aux injures de l'Hyver. La graine ſe ſeme en Avril ; ſa culture n'a rien de particulier ; il vient dans toute eſpéce de terrein.

Propriété du Fenouil.

LE Fenouil eſt ſtomachal, pectoral, diurétique, ſudorifique & fortifie l'eſtomach. Sa racine eſt apéritive, purifie le ſang ; ſa graine eſt carminative, chaſſe les vents, aide à la digeſtion, appaiſe la colique le mâchant, il donne bonne odeur à la bouche.

Deſcription de la Féve.

SA racine eſt longue, droite, noire & garnie de fibres. Sa tige monte à trois ou quatre pieds droite, creuſe, quadrangulaire, garnie de ſes feuilles, ſéparée par une côte. Les feuilles ſont oblongues, arrondies, rangées par paire ſur la côte & terminée en pointe : ſa Fleur qui eſt blanche, panacée, purpurine & noire dans le fond, étant paſſée, il lui ſuccéde des coſſes groſſes, longues, rondes, charnuës, renfermant deux, trois ou quatre Féves, vertes étant jeunes, blanches, le cul noir par la ſuite, rouſſes, larges, applaties étant ſéches.

Culture de la Féve.

LEs Féves ſe plantent depuis le mois de Février, ſi le temps le permet, juſques dans celui de Mai, pour en avoir ſucceſſivement les unes après les autres. Il faut une terre amandée & bien labourée, ce qui ſe fait avec le plantoir; on laiſſe couler de ſa main une ſeule Féve dans chaque trou, éloigné de ſix à huit pouces les uns des autres; on les couvre enſuite par le moyen d'une petite herſe ou d'un rateau; on les laiſſe ainſi juſqu'au temps de les ſarcler afin d'en arracher les mauvaiſes Herbes

Propriété de la Féve.

LA Féve en décoction eſt déterſive & aſtringente; ſa farine eſt réſolutive, elle s'employe en Cataplaſmes pour amollir, réſoudre & exciter la ſuppuration: ſes Fleurs étant priſes en décoction ſont merveilleuſes pour rafraîchir les entrailles & pour ouvrir le conduit de l'urine.

Description du Fraizier.

SA racine qui est fibreuse, de couleur noirâtre, pousse plusieurs queües menües, longues, velües & droites, portant chacune trois feuilles ; elle jette des traînasses fortes, allongées & prennent racine où il y a des nœuds : ses feuilles sont oblongues, un peu larges, dentellées sur le bord, couvertes d'un petit poil follet, de couleur verte pardessus & blancheâtre pardessous ; ses Fleurs qui sont blanches, disposées en rose étant tombées, il succéde un fruit rond ou ovale, rouge ou blanc, selon l'espéce, lorsqu'il est parvenu à maturité, ayant l'odeur agréable, le goût doux, vineux & sucré.

Culture du Fraizier.

LEs mois propres à planter les Fraiziers sont, Mars, Avril & Septembre, & toujours après une pluye, ou lorsque le temps y est disposé : ils se plantent trois ou quatre ensemble, éloignés de huit à dix pouces les uns des autres ; en les arrosant souvent dans le Printemps, son fruit en devient plus beau & mûrit plûtot ; il ne faut point négliger de couper leurs traînasses pour faire profiter le pied : au temps de ses Fleurs, on en connoît les fausses que nous appellons coucous, elles ont le fond noir ; on doit les extirper comme des Plantes stériles & de nul rapport.

Propriété de la Fraize.

LA Fraize est pectorale, humectante, fortifie le cerveau, purifie le sang, excite les urines par transpiration; on employe sa racine dans les Ptisannes rafraîchissantes.

Description du Haricot.

SA racine est grise, chevelüe & garnie de fibres: ses feuilles sont cloquetées, ridées, divisées en trois parties, terminées en pointe, couleur d'un vert de pré: ses Fleurs sont blanches, rouges ou purpurines, selon les différentes espéces, placées deux à deux le long de la côte & sortant des aisselles de ses feuilles; les Fleurs étant tombées, il succéde des cosses longues, applaties & lisses, terminées en pointe, vertes étant jeunes, & blanches en mûrissant, & qui renferment trois, quatre, jusqu'à six grains blancs, gris, tacquetés, noirs ou rouges, selon l'espece qui est nombreuse, on en compte au moins une douzaine.

Culture du Haricot.

LEs premiers Haricots ſe ſement vers la fin d'Avril, ſi le temps le permet, c'eſt-à-dire, s'il eſt beau & ſec, ſinon il faut attendre juſques en Mai, parce que la trop grande humidité de la terre, jointe aux pluyes fréquentes, les fait pourrir.

ON commence par fumer & labourer la terre en Mars; on la laiſſe repoſer juſqu'au temps de ſemer les Haricots, qui eſt le mois de Mai, alors on donne un ſecond petit labour à la terre, enſuite on ſe ſert du rateau pour rendre uni le quarré ou les plattes bandes.

LES Haricots, dits montans, ſe ſement ſix ou huit grains ſur des petites mottes faites exprès à la diſtance de deux pieds les unes des autres, dans le fond deſquelles on jette une poignée de terreau, ce qui leur fait acquérir une belle croiſſance. Chacun ſçait qu'il faut des rames ou des petites perches aux Haricots montans. Le temps de leur en donner eſt, quand ils commencent à faire leurs tiges.

A l'égard des Haricots nains, ils ſe ſement dans des petits rayons tirés au cordeau, profonds de deux pouces ſeulement, on les laiſſe un peu ſécher, enſuite on dépoſe la ſemence du Haricot dans le fond de chaque rayon, à trois pouces les uns des autres, puis on les couvre de terre, en traînant les deux pieds ſur les côtés des rayons.

On peut semer des Haricots, depuis la fin d'Avril jusqu'à la fin de Mai seulement pour les avoir à maturité, & depuis le commencement de Juin jusqu'à la mi-Juillet, pour les avoir verts à la fin de l'Eté & dans l'Automne.

Propriété du Haricot.

Les Haricots sont apéritifs, résolutifs, amollissans : leur farine, comme celle de la Féve, est d'usage dans les Cataplasmes, pour amollir, dissiper & disposer les tumeurs à suppurer.

Description de l'Herbe de Chat.

Sa racine est grisseâtre, ligneuse, dure & fibreuse. Ses feuilles sont semblables à l'Ortie blanche, dentellées, pointües & ridées, ayant l'odeur forte & le goût âcre : sa tige s'éleve à trois pieds, elle est quadrangulaire & veluë, rameuse, de couleur violette. Ses Fleurs naissent à l'extrémité de ses rameaux en forme d'épi, disposées en gueule, de couleur blancheâtae, picquetées de rouge ; chaque Fleur est un petit tuyau découpé par le haut en deux lévres, porté sur un calice formé en cornet, dans lequel succédent, après la Fleur tombée, des petites graines ovales, de couleur cendrée, bonnes pour quatre ans.

Culture de l'Herbe de Chat.

SA Plante eſt vivace pour pluſieurs années, en partageant les groſſes touffes en pluſieurs petites qu'on replante en bordures. Elle ſe multiplie de ſa graine qui ſe ſeme en Avril dans un coin de terre préparée : elle peut être plantée en plattes bandes ou en bordures dans le mois de Juin ; on tire des alignemens au cordeau ; on les place à un pied de diſtance l'un de l'autre : en l'arroſant dans le beſoin, cette Plante viendra bien.

Propriété de l'Herbe de Chat.

ELLE réſiſte au venin, aide à la reſpiration, excite les mois aux Femmes : les Fleurs infuſées dans l'eau-de-vie & l'huile d'Olive eſt très-ſouverain pour les foulûres, les morſures, les picqueures venimeuſes, les bleſſures & contuſions ; elle ſert auſſi de fournitures dans les ſalades.

Deſcription de l'Hiſſope.

SA racine eſt noire, dure & fibreuſe ; jette pluſieurs tiges qui s'élevent à deux pieds, dures, rameuſes & noüeuſes, revêtues depuis le bas juſqu'en haut de feuilles longues & étroites : ſes Fleurs naiſſent ſur des branches en forme d'épi, tournées d'un ſeul côté, diſpoſées en gueule, formées en tuyau, découpées par le haut en deux lévres, de couleur bleüe; à chacune des Fleurs ſuccédent quatre ſemences noires, oblongues & ayant de l'odeur, bonnes pour deux ans.

Culture de l'Hiſſope.

L'HISSOPE doit avoir comme les autres Plantes ſa place au Jardin; il eſt d'uſage dans la cuiſine & pour la Médecine. Sa graine ſe ſeme en Mars & peut ſe planter ſur quelques planches ou plattes bandes dans le mois de Juin, à un pied de diſtance d'une Plante à l'autre : elle produira tout au mieux en ne négligeant point de la ſarcler & de l'arroſer au beſoin. On coupe les tiges de l'Hiſſope lorſqu'elle eſt prête à fleurir, pour les emporter en lieu ſec & la trouver au beſoin.

Propriété de l'Hiſſope.

L'HISSOPE eſt aromatique, apéritif, digeſtif, inciſif, fortifiante & vulnéraire, propre aux Aſthmatiques étant priſe en guiſe de thé, favorable aux maux de poitrine & à la toux, excite les mois aux perſonnes du Sexe, provoque l'urine, fortifie le cerveau & rend le ſang fluide.

Description de la Laituë.

LA Laitue eſt une Plante annuelle des plus communes, cultivée dans le Jardinage. Il y en a de trois eſpéces à diſtinguer, dans le grand nombre, qui varient ſenſiblement entre elles.

LA premiere, eſt celle qui ne fait jamais de pomme, & s'appelle petite Laituë, à couper lorſqu'elle n'a que quatre ou ſix feuilles, qui, en croiſſant ſont grandes, longues & liſſes.

LA ſeconde, eſt celle qui pomme d'elle-même, & ſe nomme Laitue pommée. Ses feuilles ſont rondes, dentellées, crêpées, bordées de rouge, mouchettées, flagellées, jaunes, rouſſes, vertes ou blanches ſelon l'eſpéce.

LA troiſiéme, s'appelle Romaine, Chicon, Boulogne & Batavia; elle a ſes feuilles longues, liſſes & dentellées ſur les bords.

A la différence près de ces trois eſpéces par leurs feuilles, elles produiſent leurs tiges les unes comme les autres: ces tiges s'élevent à trois pieds, droites, creuſes, moëlleuſes & laiteuſes, ſe partageant en pluſieurs branches, qui ſe diviſent en petits rameaux portans à leurs extrémités des Fleurs jaunes, formées en bouquets, portées ſur un calice composé de petites feuilles formées en écailles: ces Fleurs étant ternies, il ſuccéde des graines oblongues, applaties, pointües de deux côtés, de couleur blanche ou noire, garnies chacune d'une aigrette, & bonnes pour deux ans.

Culture de la Laituë.

IL n'eſt point de mois dans l'année où l'on ne puiſſe ſemer de la Laituë, même dans l'Hyver qui eſt l'ennemi capital des Plantes. Il faut des Couches nouvelles, ſi l'on veut avoir la Laituë dans la primeur, & prendre des meſures pour les garantir du froid, en ſe ſervant des Cloches, Chaſſis & Paillaſſons qui en produiront la jouiſſance.

LA Laituë étant ſemée ſur Couches, on regarde de temps en temps ſi le Plant n'a pas trop de chaleur; ce qui s'obſerve en ſoulevant les Cloches ou Chaſſis; ſi l'on voit une vapeur chaude en ſortir, il faut donner de l'air, ſi le temps eſt doux, ou ſi le Soleil ſe montre, & avoir attention de les recouvrir quand cet Aſtre diſparoît.

SI ce ſont des Laituës pour pommer, dès qu'elles ont cinq ou ſix feuilles, on les repicque ſur d'autres Couches nouvelles ſous Cloches. Il faut toujours en mettre ſix ſous chacune des Cloches pour les réduire par la ſuite à trois: quand elles commencent à ſe trouver trop preſſées, on en tranſplante ſur d'autres Couches chargées de ſept à huit poucesde terreau. On continue les mêmes ſoins, & le beſoin de chaleur, par le ſecours des réchauds, & l'attention de leur faire prendre l'air en ſoulevant les Cloches, parce que ſans air, la Laituë croît flué & ne ſçauroit faire ſa pomme ordinaire; on ſe ſert de petites fourchettes, on les ſouleve d'abord d'un doigt, & à meſure que les Cloches s'empliſſent, on les monte plus haut en continuant le même ſoin juſqu'au point de leur pomme parfaite.

DANS le grand nombre de Laituës, voici celles à préférer.

La Laituë gobelet.
La Laituë petite crêpe.
La Laituë double crêpe.
La Laituë de Perpignan.
La Laituë de la Paſſion.
La Laituë de Gênes verte.
La Laituë capucine.
La Laituë rouge bord.
La Laituë préſidente.
La Laituë rouſſe.
La Laituë groſſe allemande.
La Laituë pommée de Berlin.
La Romaine.
La Boulogne.
Les Chicons.
Et le Batavia.

AYANT diviſé douze eſpéces différentes de Laituës à pommer, les quatre dernieres ſeront dénommées Romaine & Chicons, elles ne ſont pas moins cultivées & à préférer aux précédentes, en ce qu'elles n'ont point cette pointe d'amertume. Elles ſe mangent crues, mais elles n'ont pour elles que la belle Saiſon, qui eſt depuis le mois de Mai, juſques vers la fin de Juillet.

SANS trop m'écarter de mon objet, je reviens aux Laituës pommées. La Laitue gobelet eſt plus blanche que jaune, ſes feuilles ſont recocquillées & reſerrées en forme de gobelet ; elle fait ſa pomme de groſſeur convenable. Son grand mérite eſt de réſiſter aux injures de l'Hyver, étant plantée à de bons abris en pleine terre ; ſa graine eſt blanche.

LA Laitue petite crêpe eſt la plus petite de toutes les Laituës : ſes feuilles ſont crêpées, friſées, dentellées & jaunâtres : ſa pomme des plus dures, eſt très-petite : ſon mérite eſt de pommer la premiere ſur Couches, au nombre de trois ſous chaque Cloche, quand on en ſeme dans la primeur, ſa graine eſt noire.

LA Laituë double crêpe a ſes feuilles cocquillées & très-jaunes. Sa pomme eſt forte, tendre & douce ; ſa graine eſt blanche.

LA Laituë de Perpignan eſt très jaune : ſes feuilles ſont unies, jaunâtres & liſſes : ſa pomme devient forte, applatie, tendre & jaune à l'intérieure, elle ſe ſoutient long-temps pommée : ſa graine eſt blanche.

LA Laituë de la Paſſion a ſes feuilles mouchetées, de couleur de ſang : les côtes qui les traverſent ſont de couleur d'un rouge incarnat ; ſa pomme eſt ronde de moyenne groſſeur : ſa graine eſt noire.

La Laituë de Gênes verte a ſes feuilles vertes, rondes & liſſes : ſa pomme platte, dure, tendre & jaune dans l'intérieur. Lorſque l'Hyver n'eſt point rude, elle peut y réſiſter. Sa graine eſt noire.

La Laituë capucine a ſes feuilles comme ſa pomme de couleur d'un habit de Capucin ; ſa pomme eſt forte, dure & platte ; elle a le cœur jaune & tendre, réuſſit au mieux dans le Printemps & l'Automne : ſa graine eſt noire.

La Laituë rouge bord a de grandes feuilles larges, cloquettées & bordées d'un rouge incarnat : ſa pomme devient forte, elle a le cœur jaune, tendre & délicat, réſiſte aux injures du temps, lorſque l'Hyver n'eſt pas de longue durée : ſa graine eſt blanche.

La Laituë préſidente a ſes feuilles blanches, oblongues & dentellées ſur les bords : ſa pomme eſt fort allongée en forme de pain de ſucre, ſujette à monter dans le temps des chaleurs : ſa graine eſt blanche.

La Laituë rouſſe croît de moyenne groſſeur ; ſes feuilles ſont rouſſes, étroites par le bas, larges par le haut & dentellées ſur les bords : ſa pomme eſt forte, dure, applattie, très-jaune & tendre dans l'intérieur. Elle ſe ſoutient pommée : ſa graine eſt noire.

LA Laitue grosse allemande a toutes les bonnes qualités, sa grosseur est extraordinaire. Ses feuilles sont grandes, larges, rondes, lisses, dentellées sur les bords ; sa pomme est très-forte, dure, large, applattie ; elle a l'intérieur jaune, tendre & sucrée, elle se soutient long-temps pommée : sa graine est blanche.

LA Laituë pommée de Berlin vient plus forte que la précédente. Il faut lui donner une terre bien fumée & l'arroser souvent, une seule suffit pour une salade à plusieurs personnes, sa pomme devient des plus fortes pour la grosseur : ses feuilles sont très-larges, rondes, nerveuses, cloquettées & vertes, portées sur une queüe large, courte, épaisse, tendre & charnue ; elle a le cœur tendre, serré, jaune & laiteux : sa graine est noire.

Il y a de deux espéces de Laituë Romaine, la premiere est à préférer, ayant l'avantage de faire sa pomme par elle-même, & la seconde ne la fait point seule, on est obligé de lier celle-ci avec un brin de paille pour la faire blanchir : les feuilles de la premiere sont d'un vert gai, celles de la seconde sont d'un vert foncé, longues, arrondies par le haut & étroites par le bas : leur graine est blanche.

LA Boulogne est un gros Chicon qui pomme de lui-même : ses feuilles sont d'un brun obscur, longues, larges arrondies par le haut, étroites par le bas : sa graine est noire.

LE Chicon blanc & le roux font leur pomme

l'un comme l'autre : leurs feuilles ſont longues, dentellées & arrondies aux extrémités : leurs graines ſont noires.

Le Batavia eſt une eſpéce de gros Chicon blanc, d'un rouge incarnat ſur ſa pomme : ſes feuilles ſont blanches, larges, cloquettées & dentellées ſur les bords : ſa pomme eſt très-forte, dure, applattie & l'intérieur blanc : ſa graine eſt blanche.

Sans m'écarter, il me reſte à expliquer ce qu'il faut faire pour avoir en pleine terre, les Laituës à pommer au point de leur groſſeur. Dès le commencement de Mars on doit ſemer les Laituës à pommer & autres, ſi le temps le permet dans une terre bien fumée & bien labourée : ſi elles levent trop épais, il faut néceſſairement les éclaircir, & ſe ſervir toujours des plus fortes pour planter.

Il faut d'abord préparer une ou pluſieurs planches ou plattes bandes, ſur leſquelles on tire des alignemens au cordeau à la diſtance d'un pied les uns des autres, enſuite ſe ſervir d'un plantoir qui eſt un bâton court & pointu, pour les conduire ſimplement en ligne directe.

Il eſt bon de ſçavoir que la Laituë ne veut point être enterrée, il ſuffit ſeulement qu'elle ait le cœur à fleur de la ſuperficie de la terre, & qu'il ne faut que médiocrement preſſer contre ſa racine, l'arroſer enſuite & continuer, ſi le temps le demande.

A l'égard de la groſſe allemande, la pomme

de Berlin & le Batavia, il y a une distinction à obsérver dans la maniere de les planter, il faut les mettre à la distance de vingt pouces les uns des autres; quand elles sont bien reprises, on leur donné un petit labour de temps en temps avec une petite hoüe, ce qui fait périr les mauvaises Herbes & croître la Laituë à vûe d'œil.

Du vingt au vingt-quatre Août on doit semer en pleine terre, bien préparée la Laituë destinée à passer l'Hyver. Il faut lui donner de l'eau au besoin. La Laituë qui résiste le mieux est le gobelet, étant de nature forte & moins susceptible de gelée que les autres.

Celle, pour passer l'Hyver, se plante vers la mi-Octobre à de bonnes expositions & à de bons abris, au Levant & au Midi, le long des murailles ou sur des planches garnies de brise-vents. La terre doit être bien labourée & fumée : on doit même, pour réussir, se servir de longs fumiers, qui sont, pour ainsi dire, un préservatif contre les vers de terre : d'ailleurs ces longs fumiers empêchent les eaux de séjourner, elles s'imbibent à mesure qu'elles tombent, le Plant n'est pas noyé, il se soutient toujours vert, & rien n'est à craindre pour la jaunisse ou pour la pourriture.

Une autre maniere de cultiver la Laituë d'Hyver, quand il n'est point trop rude, est d'en semer la graine au commencement de Septembre dans une terre amandée avec du long fumier, si elle leve trop épais, il faut l'éclaircir, bannir les mauvaiſes Herbes, & laiſſer ainſi juſqu'au temps de les replanter à la mi-Février, ſi le temps le permet ; alors on dreſſe des planches ou plattes bandes à de bonnes expoſitions, prénant ſoin de bien fumer & labourer, on tire enſuite des alignemens au cordeau à la diſtance de dix ou douze pouces les uns des autres, ainſi des Plantes.

Il eſt bien certain que ces Laituës ne ſeront pas auſſitôt pommées que celles plantées dans le mois d'Octobre ; mais elles n'en viendront pas moins fortes, plus tendres & mieux pommées.

Il faut obſerver ici, comme pour ailleurs, de toujours marquer pour graines les plus belles & celles qui ont le mieux pommées, de picquer un bâton à leur pied pour y attacher la tige, pour l'empêcher d'être arrachée ou rompuës par les grands vents.

Chacun peut ſçavoir qu'il faut couper en quatre la ſuperficie de ſa pomme pour donner jour à ſa tige de produire ſa graine, ſans quoi elle tomberoit en pourriture. Il ne faut point encore négliger d'éplucher, abattre & retirer pour graines toutes les feuilles inutiles, parce que venant en pourriture, elle la communiqueroit à la tige, pour peu que la Saiſon ſoit pluvieuſe : on connoît le temps de la maturité de la graine lorſqu'une partie des boutons eſt couronnée d'aigrettes & que la Plante ſe fâne ; alors il faut arracher le pied ou le couper &

l'expoſer quelques jours au Soleil, on la bat enſuite ou on la vanne, on l'enferme enfin dans un petit ſac, qu'on accroche, ſoit à la muraille & toujours garni d'un étiquette, afin d'en connoitre l'eſpéce & éviter de ſe tromper.

Propriété de la Laituë.

ELLE eſt ſaine, rafraîchiſſante, apéritive, humectante, adoucit les acretés du ſang, entretient la liberté du ventre, concile le ſommeil, elle ſe mange cruë, en ſalade, cuite en gras & en maigre.

Deſcription de la Lavande.

SA racine ligneuſe & fibreuſe jette nombre de tiges hautes de deux pieds, elle eſt dure, noüeüſe & quarrée. Ses feuilles ſont longues, étroites & blancheâtres, ayant une odeur forte & agréable, l'extrémité de ſes tiges eſt terminée par des épis garnis de Fleurs bleuës ou d'un rouge purpurin, portée ſur un calice oblong & étroit, formé en tuyau, qui par la ſuite ſe change dans une graine oblongue, noire & luiſante. Toute la Plante rend un odeur agréable, forte & aromatique.

Culture

Culture de la Lavande.

LA Lavande eſt une Plante vivace qui ſe multiplie des vieux pieds à partager en pluſieurs parties, pour former d'abord une bordure. Elle ſe replante autour des quarrés comme le buis en Avril ou en Septembre & reprend aiſément en toute terre ; elle réſiſte aux injures du temps pendant trois ou quatre années, après quoi il faut la replanter de nouveau ; lorſque ſes épis ſont en fleur, on les coupe, on les fait ſécher pour l'uſage auquel on les deſtine.

Propriété de la Lavande.

ELLE fortifie le cerveau & les nerfs, ſes feuilles & ſa Fleur ſont employées dans la diſtillation, à faire une eau qui porte ſon nom : ſes épis avec ſa Fleur étant ſéchées & priſes en infuſion en guiſe de Thé, ſont excellentes pour les vertiges, les tremblemens, les mouvemens convulſifs, la paraliſie & l'aſthme. On l'employe auſſi dans les bains de propreté. Ceux qui en connoiſſent la vertu, pourront la mettre en uſage dans le nombre des odeurs.

Description de la Mâche.

CEtte Plante n'eſt connuë ici que ſous les noms de Doucette ou Réponſe. La racine eſt petite, cheveluë & blancheâtre ; ſes feuilles ſont longues, liſſes, épaiſſes & applaties ſur la terre ; la tige eſt quarrée, haute d'un pied, ſe diviſe en pluſieurs branches, formant des rameaux qui portent à leurs extrémités des Fleurs blanches en forme de bouquet ; à ces Fleurs ſuccédent des graines rondes, applaties, de couleur blancheâtre, bonne pour huit ans.

Culture de la Mâche.

ON ſeme la graine de la Mâche en Août & Septembre, pour pouvoir en cueillir en Automne, Hyver & Printemps : alors on la laiſſe & on préfére la Laituë. La graine ſe ſeme indifféremment en pleine terre, pourvû que l'on ait ſoin de l'arroſer & de la ſarcler, c'eſt tout ce qu'il faut.

Propriété de la Mâche.

ON l'employe communément en ſalade avec l'Oignon, la Bette-Rave, la Chicorée, les Enchois & les Choux rouges ; elle est déterſive, ouvre les pores, purifie le ſang & les acretés des humeurs.

Deſcription de la Marjolaine.

SA racine noire, menuë, dure, filamenteuſe & fibreuſe, jette pluſieurs tiges qui s'élevent à cinq ou ſix pouces de hauteur, & forment enſemble une touffe ronde qui a de l'odeur : ſes feuilles ſont preſque rondes, d'un vert brun, molles, rangées vis-à-vis l'une de l'autre : ſa Fleur blanche, tirant ſur le purpurin, naît aux extrémités de ſes rameaux en forme de bouquet. Ces Fleurs ſont petites & diſpoſées en gueule, découpées par le haut en deux lévres ; il leur ſuccéde une petite graine fine, ronde, rouſſeâtre & odorante.

Culture de la Marjolaine

LA Marjolaine eſt une Plante aromatique : la graine ſe ſeme ſur Couche en Avril & ſe replante en bordures vers la fin de Juin : elle ſe multiplie encore mieux des groſſes Plantes qu'on partage en pluſieurs petites, & qu'on replante tous les trois ou quatre ans en bordures ainſi que le Buis. Cette Plante eſt des plus agréables dans un Jardin, par la bonne odeur qu'elle y répand. On la coupe à quelques pouces de terre pour la faire sécher & la conserver au besoin.

Propriété de la Marjolaine.

SON eau distillée est d'un grand secours dans l'indigestion : elle est souveraine pour les maladies du cerveau, de la poitrine & de l'estomach. Elle est histérique, sternutatoire, céphalique, nervale & pectorale.

Description de la Melisse.

SA racine est noirâtre, dure, longue & garnie de fibres. Ses tiges sont nombreuses, elles s'élevent hautes de deux ou trois pieds, droites, creuses, quarrées & rameuses : ses feuilles sont longues, pointuës, veluës, dentellées, d'un vert blancheâtre, ayant l'odeur forte & agréable. Ses Fleurs sont petites, disposées en épi, de couleur rouge purpurin, à ces Fleurs succédent plusieurs graines collées ensemble, de couleur pâle, renfermées dans un calice oblong.

Culture de la Melisse.

LA Melisse est une Plante vivace ; on la multiplie des grosses Plantes en les séparant en plusieurs petites, qu'on transplante en bordures en Avril & Séptembre. Sa plus grande utilité est d'être employée dans la Médecine, & de servir avec d'autres Herbes dans les fournitures de salade.

Propriété de la Melisse.

SEs feuilles prises en guise de Thé sont stomachiques, histériques, céphaliques, souveraines pour les maladies du cerveau, palpitations de cœur, paralisie, défaillance, vertiges, Mal-Caduc : on compose une eau des mêmes feuilles qui est admirable pour la colique, l'apoplexie, la létargie & les vapeurs.

Description du Melon.

LE Melon est un fruit de Jardin, sa bonne qualité le fait rechercher : sa Plante ressemble beaucoup à celle du Concombre, sa racine est jaunâtre, longue, serpentante sous la superficie du terreau dans lequel il est planté : ses tiges que nous appellons bras, sont longues, brancheuses, velües & rampantes, ses feuilles sont grandes, presque rondes, formées en cœur, d'un vert clair, luisant, elles sont velües, dures au toucher, portées sur une queüe ronde, creuse, haute de cinq à six pouces ; ses Fleurs sont jaunes, formées en cloche, évasées, partagées en cinq découpures, dont les unes sont fertiles, & d'autres stériles.

CES Fleurs lorſqu'elles noüent, donnent des fruits qu'on appelle Melon, de toute forme & figure, ainſi qu'il plaît au caprice de la nature. Cependant pour l'ordinaire le Melon eſt vert, liſſe & couvert d'un petit poil en naiſſant; à meſure qu'il groſſit, il prend forme & couleur en ſe couvrant d'une écorce dure, remplie de cartilage, relevé en broderie d'un vert pâle: ſous cette écorce ſe trouve une chair tendre, fondante, humide, de couleur rouge, tirant ſur le jaune, ayant l'odeur ſuave, le goût doux & agréable; l'intérieur de ce fruit eſt diviſé en trois principales loges, remplies d'un grand nombre de graines ovales, applaties, poiutües des deux bouts, de couleur jaunâtre, qui contiennent chacune une petite amande blanche qui peut ſe conſerver pendant trois ans.

DANS le nombre d'eſpéces différentes de Melons, je m'arrêterai à ceux qui peuvent réuſſir dans ce Climat, ſans vouloir cependant leur donner préférence ſur les autres que je ne connois pas: les eſpéces dont je veux parler, ſont,

Le Melon François.
Le Melon ſucrin.
Le Melon Morin.
Le Melon d'Angers.
Le Melon langais.
Et le Melon rond.

LE Melon François vient ordinairement rond; il s'en trouve auſſi de longs, d'applatis ou mal formés, jeu de la nature capricieuse ! il a l'écorce extrêmement brodée dans toute sa circonférence, sa chair est rouge, il est vineux & sucré.

Le Melon sucrin vient d'une moyenne grosseur, très-brodé & rond. Sa chair est rouge, ferme, d'un goût fin, relevé & sucré.

Le Melon Morin est de figure ronde, garnie d'une espéce de couronne au nombril, il est brodé dans toute sa circonférence, sa chair est rouge, sucrée & vineuse.

Les Melons d'Angers pour la plûpart sont ronds, leurs broderies sont régulieres, leur chair est rouge, tendre, vineuse & sucrée.

Le Melon Langais est de grosseur raisonnable, sa forme est régulierement brodée, il devient très-jaune en mûrissant. Sa chair est rouge, ferme, d'un goût sucré & vineux.

Le Melon rond vient de moyenne grosseur, sa broderie est assez réguliere : sa chair est rouge comme les autres, remplie d'eau sucrée & d'un goût relevé.

Culture du Melon.

Pour réussir dans les Melons, il faut des Couches faites exprès avec du fumier nouvellement pris sous les Chevaux : ces Couches doivent avoir trois ou quatre pieds de largeur & deux de profondeur, hautes de quatre, moitié en terre, moitié en dehors : on ne risque rien de les monter haut, parce qu'elles baissent toujours assez : quant à la longueur, elle est arbitraire. On met sur ces Couches environ quatre pouces de terreau absolument pourri, léger & meuble ; c'est dans ce terreau que l'on dépose la semence du Melon, pour l'élevation du plant: Pour en recueillir de bonne heure, il faut semer la premiere graine au commencement de Février, & la seconde un mois après.

Il est nécessaire d'avoir grande attention à la chaleur du fumier, surtout lorsque les Couches sont nouvelles, & attendre plutôt huit ou dix jours, pour lui donner le temps de se modérer, ce qui se connoît quand la Couche est affaissée, & qu'en enfonçant la main dans le fond du terreau, on peut aisément souffrir la chaleur : alors on fait tremper la graine l'espace de vingt-quatre heures dans un verre de vin, adouci par un morceau de sucre avant d'en confier le dépôt à la terre.

Quand la Couche est propre à semer, l'usage apprend de mettre deux grains en chaque petit trou qu'on fait avec le doigt, environ un pouce de profondeur sur deux de distance les uns des autres ; on les recouvre ensuite légerement, après quoi on pose les Cloches ou Chassis.

Outre ces Cloches ou Chassis, il faut encore des grandes litieres ou paillassons pour les couvrir pendant la nuit, quand le froid est picquant & quelque fois le jour quand il géle, ce qui arrive communément dans cette Saison.

LORSQUE l'on est muni de bons Chassis, on peut éviter d'occuper une Couche entiere pour y élever du Plant ; on seme la graine sur le bout de la Couche, sans attendre que la chaleur soit passée, parce que cette graine en demande beaucoup pour lever promptement, ce qui arrive cinq ou six jours après qu'elle est semée: quelque temps qu'il fasse elle obéit à la chaleur qui la presse ; lorsque le Plant a atteint cinq ou six feuilles, il faut le chausser, en approchant un peu de terreau autour du pied qu'on presse légerement, afin qu'il prenne davantage de racines.

IL faut ici une grande justesse pour entretenir ce Plant dans un même degré de chaleur, le trop ou trop peu le fait fondre, le trop ou trop peu d'air produit le même effet ; on lui fait respirer l'air favorable quand le Soleil se montre, en levant la Cloche ou Chassis d'un doigt seulement depuis dix heures du matin jusqu'à trois de l'après midi, qu'il faut rabaisser la Cloche ou Chassis.

CE qui contribue le plus à maintenir ce Plant dans sa vigueur, c'est d'entretenir la chaleur de la Couche par le moyen des réchauds: on enfonce la main de temps en temps dans le milieu, & dès qu'on s'apperçoit que la chaleur s'éteint, il faut l'entretenir avec du fumier nouvellement pris sous les Chevaux, le distribuer autour de la Couche, ce qui ranime & réveille tout le Plant.

A proportion que le Plant croît, il faut lever un peu les Cloches ou Chaſſis, pour donner de l'air, s'il ſurvient quelques beaux jours ; mais auſſi il ne faut point manquer de les baiſſer le ſoir, & de prendre le même ſoin juſqu'à ce que le Plant ſoit en état d'être repicqué ſur d'autres Couches qu'on tient prêtes à cette opération ; ce qui arrive lorſqu'il a pouſſé ſix à huit feuilles. On trouve aſſez de place ſous chaque Cloche pour en repicquer huit ou neuf & à proportion ſous les Chaſſis.

ON le laiſſe ainſi un mois ou ſix ſemaines, réchauffé exactement, il fait de bonnes racines, ſe fortifie, n'eſt point ſujet à fondre & reſte juſqu'à ce qu'il ſoit en état d'être tranſplanté vers la mi-Avril, alors on prépare des Couches nouvelles, qui doivent avoir quatre pieds de largeur & trois de hauteur.

IL faut ſe faire une régle de ne planter qu'un ſeul pied ou tout au plus deux ſous chaque Cloche ou Chaſſis, & former deux rangées ſur la Couche qui doit être couverte de ſix pouces de terreau.

ON ne pourroit croire qu'une ſi petite portion de terreau fut ſuffiſante pour la Plante, que les racines s'échaufferoient dans le fumier qu'elles ont à percer pour s'y loger ; mais l'expérience détruit tout ce qu'on peut alléguer contre cet uſage. Cette Plante ne craint rien tant que l'eau ; plus le terrein abonde, plus il retient d'humidité, qui ſe communique au pied, & moins il y en a, moins il en retient, parce que l'air & le Soleil ont plutôt tirés l'humidité de six pouces de terreau que de douze: ce même pied ayant moins de nourriture, s'arrête plutôt à porter son fruit: il ne pousse pas avec vigueur ses bois gourmands, qui, d'ordinaire sont la cause principale que le fruit coule dans le temps qu'il doit nouër; au surplus ce pied est moins sujet à fondre, le fruit se forme, mûrit de bonne heure, a plus de goût, étant moins nourri d'eau.

LORSQUE l'on jouit d'un beau jour pour planter, il faut des huit ou neuf pieds qui sont sous chaque Cloche ou Chassis, laisser celui du milieu ou tout au plus un second: on leve les autres avec la plus forte motte de terre autour des racines, on les transplante & arrose médiocrement, ensuite on pose les Cloches ou Chassis.

TOUTES attentions sont nécessaires pendant les premiers jours, pour les garantir du trop de chaleur de la Couche, ou lorsque le temps vient à s'échauffer; on la sonde avec les doigts en plein midi, & dès que l'on sent la chaleur augmenter, on fait avec un bâton pointu des trous de part en part autour de la Couche vis-à-vis le Plant, pour évaporer le trop de chaleur, ensuite on donne air aux Plantes, en soulevant un peu les Cloches; cet exercice dure quelques jours: le plus grand feu de la Couche étant rallenti, on bouche les trous, & le Plant profite à vûe d'œil.

QUAND le Plant eſt repris de huit à douze jours, la premiere opération eſt d'en tailler le montant au deſſus des deux premieres feuilles ; & les deux oreilles ou les deux lobes, afin de lui faire pouſſer deux ou trois bras ſeulement ; cette taille doit être faite dans un temps ſec, parce que s'il faiſoit humide ou qu'il pleût, la Plante s'épuiſeroit d'une partie de la ſéve.

APRE'S la ſeconde taille, il commence à paroître des fauſſes Fleurs ; alors on coupe les feuilles gourmandes trop nourries, les urilles, les fauſſes Fleurs & les branches de faux bois, qui tous épuiſent le ſuc nourricier dont ces tendres Plantes ont le plus de beſoin pour former leurs fruits.

APRE'S la ſeconde taille on voit encore pouſſer des branches allongées de quatre, ſix ou huit pouces ſans yeux, elles épuiſeroient la plus grande partie de la ſéve & retarderoient le fruit, ſi on ne les retranchoit à leurs origines.

LES bonnes branches à fruits, ce ſont les courtes, celles qui ont les yeux près les uns des autres ; plus elles avoiſinent du pied, plutôt le fruit eſt noüé, plus il a de qualité & de groſſeur dans ſa maturité.

PENDANT le cours de ces opérations le pied ſe fortifie, les Cloches s'empliſſent, les branches ſe multiplient & ſe diſpoſent à faire leurs fruits ; alors il faut des petites fourchettes propres à ſoutenir les Cloches, qui demandent d'être un peu élevées, pour donner plus ou moins d'air aux Plantes. Lorſque le fruit commence à vouloir noüer, il faut le tenir à couvert des Cloches ou de ſes feuilles, pour l'empêcher de couler, de durcir, & pour qu'il profite davantage. Lorſque le fruit eſt noüé, il faut obſerver de tailler toujours à un œil audeſſus du fruit, s'il en arrête pluſieurs, on choiſit les plus forts & les mieux formés, pour ſupprimer les autres. L'expérience a fait connoître que trois ou quatre Melons ſuffiſent ſur un ſeul pied, pour qu'ils ayent leur qualité & groſſeur, quatre beaux ſont préférables à ſix médiocres.

LE Melon étant parvenu à une certaine groſſeur, les arroſemens ſont nuiſibles, néanmoins dans les grandes chaleurs il faut lui donner un peu d'eau autour du pied ſeulement, pour empêcher le chancre ou la pourriture avant la maturité du fruit.

LORSQU'IL eſt au point d'arriver à ſa maturité & que l'on craint qu'il ne prenne le goût de la terre, on doit poſer ce fruit ſur un morceau d'ardoiſe ou de thuille, l'ardeur du Soleil le frappe de tous les côtés, le perfectionne & le conduit à ſa parfaite maturité, il eſt mûr lorſque la queüe ſemble vouloir ſe détacher & quand il exhale beaucoup d'odeur : il ſera bon, s'il a la queüe courte, ferme ſous le doigt & peſant à la main.

Propriété du Melon.

SA chair a la vertu d'adoucir, rafraîchir, humecter, tempérer les ardeurs du ſang & réjouir le cœur : ſa graine entre dans les émulſions. Lorſqu'il s'agit de rafraîchir les entrailles échauffées, de fortifier l'eſtomach, d'ouvrir les pores & de provoquer les urines, on a recours à cette graine.

Deſcription de la Moutarde.

SA racine eſt blanche, droite, ligneuſe & garnie de fibres. Ses feuilles ſont d'un vert foncé, preſque rondes, couvertes d'un petit poil aſſez rude. Sa tige monte à deux ou trois pieds, ronde, droite, velüe, diviſée en pluſieurs rameaux, garnis de petites Fleurs jaunes, compoſées de quatre fleurons diſpoſés en croix. Ces Fleurs étant paſſées, il ſuccéde des coſſes courtes, pointuës, remplies de graines rondes, fines, rougeâtres, d'un goût picquant & mordant, bonnes pour quatre ans.

Culture de la Moutarde.

LA Moutarde eſt une Plante annuelle, qui ſe ſeme en Mars dans une terre fumée & bien labourée : ſa graine eſt très-petite, il faut la semer à claire voye; elle mûrit dans le mois de Juillet; on la bat; la vanne pour la mettre en lieu de réserve & s'en servir au besoin

Propriété de la Moutarde.

SA graine étant apprêtée, aide à la digestion, excite l'apétit, est d'usage dans la plûpart des alimens en gras & en maigre. Elle est apéritive, incisive, attenüante, propre contre les flegmes, le scorbut, provoquer l'éternuëment, mûrir les abcès, résoudre les tumeurs, réveiller dans l'apoplexie & la paralisie.

Description du Navet.

LE Navet est court, rond ou plat, selon l'espéce. Il devient gros, charnu, rouge & blanc, exhalant une odeur assez forte, ayant le goût picquant; ses feuilles sont profondément découpées, vertes, rudes au toucher; sa tige est droite, moëlleuse, monte à trois ou quatre pieds, divisée en plusieurs rameaux. Sa Fleur est jaune, composée de quatre fleurons disposés en croix; étant passée, il succéde des cosses longues d'un pouce, rondes, divisées par une cloison en deux loges, remplies de graines rondes, rougeâtres, d'un goût acre & picquant, bonnes pour six ans.

Culture du Navet.

LE Navet eſt une Plante annuelle ; on en ſeme la graine depuis Mai juſques vers la fin de Juillet. Il exige une terre bien amandée & ſouvent labourée ; il ſe ſeme toujours à claire voye, s'ils levent trop épais, on les éclaircit & place à dix pouces de diſtance les uns des autres pour les rendre tendres & gros. Il ſe cueille à la fin de Novembre, on coupe leur vert, on les enterre, on les met dans la ſerre ou dans la cave, pour les garantir des injures de l'Hyver & s'en ſervir au beſoin

Propriété du Navet.

LE Navet eſt utile pour la table ; il ſert en gras & en maigre : il ſe mange dans les ſoupes, viandes, particulierement avec le Mouton & le Canard : ſa décoction eſt d'uſage dans les bouillons propres pour la poitrine, la toux, l'aſthme & ptiſie ; la graine eſt apéritive, déterſive, inciſive, digeſtive, excite les urines, chaſſe les humeurs par la tranſpiration.

Description de la Nielle.

LA Nielle, que nous appellons improprement toute épice, a sa racine jaunâtre, dure & fibreuse; les feuilles oblongues, découpées, menuës; sa tige monte à deux & trois pieds. Ses branches sont terminées par des Fleurs blanches, tirant sur le bleu, composées de cinq fleurons disposés en roses : ces Fleurs étant passées, il succéde des fruits terminés par cinq ou six petites cornes, divisées en plusieurs loges qui renferment des graines anguleuses de couleur rousseâtre, ayant l'odeur aromatique & le goût picquant, bonnes pour quatre ans.

Culture de la Nielle.

LA Nielle est une Plante annuelle. La graine se seme en Avril à une bonne exposition, dans une terre bien fumée & préparée. Il faut avoir attention de la sarcler & l'arroser souvent : sa graine est mûre en Août, elle peut se conserver plusieurs années, en l'enfermant dans un lieu sec.

Propriété de la Nielle.

SA graine est incisive, vulnéraire, apéritive, résolutive, excite les crachats, tuë les vers, chasse les vents, propre dans la fiévre quarte : elle sert dans les alimens, en gras & en maigre, en guise d'épices ; elle a tout à la fois le goût de poivre, de la muscade, du gerofle & de la canelle.

Description de l'Oignon.

LA racine de l'Oignon n'est que fibres menuës & déliées : son fruit est une bulbe qui varie en figure, en couleur & en grosseur selon les espéces. Voici celles qui sont parvenuës à ma connoissance.

L'Oignon rouge & long.
Le rouge plat.
Le pâle plat.
Le blanc long.
Et le blanc plat.

L'OIGNON est quelquefois aussi gros que les deux poings, quelquefois de la grosseur d'un œuf, d'une noix, même d'un pois ; il est ordinairement rond, oblong, plat ou oval, composé de plusieurs tuniques charnuës, membraneuses, rouges, pâles ou blanches, ayant l'odeur forte & désagréable, excitant jusqu'à pleurer lorsqu'on le coupe.

SES feuilles s'élevent de sa racine à un pied de hauteur, droites, creuses, étroites, fistuleuses, pointuës, d'un goût acre & picquant. Sa tige est droite, nuë, ronde, haute de trois pieds, creuse, grosse par le bas, enflée au milieu, médiocre par le haut, portant à l'extrémité une tête ronde, grosse comme le poing, formant un bouquet de Fleurs, composées chacune de six fleurons blancs ou purpurins : à ces Fleurs succédent des fruits triangulaires divisés en trois loges, remplis d'une graine anguleuse & noire, bonne pour deux ans.

Culture de l'Oignon.

RIEN de plus commun que l'Oignon, & si généralement cultivé, parce qu'il est très-nécessaire à la vie ; il n'y a même presque point de mets où il ne puisse entrer.

ON doit le semer au commencement de Mars dans une terre meuble & légere, & dans les premiers jours d'Avril dans les terres argilleuses, pesantes, aquatiques, comme étant plus froides ; on en seme des quarrés entiers, ou sur des planches dressées exprès, dans une terre bonne, amandee & labourée avec attention ; cette graine étant semée sur une terre meuble & légere, il faut marcher dessus à pieds joints ; ensuite donner un coup de rateau : si au contraire la terre est argilleuse, pesante ou humide, on doit enterrer la semence par le secours de la herſe ou de la fourche de fer, & quelques jours après il faut y paſſer le rateau.

La graine d'Oignon ſe ſeme à la volée & à claire voie, autant qu'il ſe peut; ſi elle leve trop épais, il faut l'éclaircir & laiſſer toujours les plus forts Oignons à cinq ou ſix pouces les uns des autres. Il faut ſoigneuſement les débaraſſer des mauvaiſes Herbes, ſans oublier les arroſemens ſouvent réitérés, juſqu'à ce qu'ils commencent à tourner, alors on ceſſe de les arroſer, à moins qu'il ne ſurvienne une grande ſéchereſſe.

Lorsqu'il a fait ſa pomme & parvenu à ſa groſſeur, ſes fanes commencent à jaunir & à tomber ſur les côtés, il faut les arracher un peu verts pour les conſerver plus long temps. On les laiſſe enſuite étendus ſur la terre l'eſpace de ſept à huit jours, pour les avoir au point de leur maturité; après quoi il faut les éplucher, arracher ou couper la queüe, à deux pouces audeſſus du fruit: enſuite les porter au grenier ou autre place deſtinée. Il eſt d'attention de les remüer de temps en temps, d'en trier ceux qui commencent à germer ou à pourrir: ces petits ſoins entretiennent l'Oignon ſec. Aux approches des fortes gelées, on doit les ramaſſer en mottes & les couvrir de longues pailles ou avec des couvertures pour les préſerver de l'ennemi déclaré des fruits.

Une autre maniere de cultiver les Oignons, eſt de commencer à ſemer la graine fort épaiſſe dans le mois de Mai ſur une ou pluſieurs planches, de la laisser produire sans l'arroser & sans l'éclaircir ; il faut seulement arracher les mauvaises Herbes qui lui nuisent.

Ces Oignons se trouvant pressés les uns contre les autres, ne sçauroient venir plus gros qu'une noisette ; étant mûrs, on les déplante, on les conserve jusques vers la fin de Février, pour lors on prépare une ou plusieurs planches, on tire des alignemens au cordeau, on replante ces petits Oignons en droite ligne à la distance de cinq ou six pouces en tous sens : ils viendront beaux en leur donnant de petits labours de temps à autre, suivis de plusieurs arrosemens au besoin : la graine d'Oignons se seme encore en Septembre, & on les replante sur des planches dans le mois de Février.

Si l'on en aperçoit de disposés à monter en graine, il faut couper sa tige à fleur des premieres feuilles.

Avant de finir cet article, j'observerai une chose essentielle dans la culture des Oignons & autres Plantes. Lorsqu'il y a apparence d'un Printemps humide ou pluvieux, l'expérience a fait voir qu'on doit toujours labourer la terre avec un peu de long fumier, outre celui qu'on y a déja mis, & enterrer le tout ensemble : ce long fumier contribue non seulement à la conservation des Plantes naissantes, mais il est une espéce de préservatif contre tous les vers qui se trouvent dans la terre. On doit en user de même à l'égard de toutes les graines qu'on seme au

Printemps, il faut moins de graines & on réussit mieux.

Proprieté de l'Oignon.

L'OIGNON est apéritif, incisif, pectoral, résolutif, digestif, propre à la pierre, la toux, le scorbut, l'asthme, la surdité, il résiste au venin, fait mûrir les abcès, il est nuisible aux tempéramens venteux.

Description de l'Ozeille.

ON cultive cinq espéces d'Ozeille. La premiere est la grande, la seconde la ronde, la troisiéme la longue; la quatriéme est l'Ozeille vierge, & celle que nous appellons petite Ozeile d'Avignon, est rampante.

LES racines de l'Ozeille sont communément grosses, longues, droites, unies, jaunâtres ou rouges. Ses feuilles sont vertes, luisantes, d'un goût aigre & remplies d'un suc acide. Ses tiges montent à trois pieds, creuses, brancheuses, portant à l'extrémité des petites Fleurs à plusieurs étamines, sortant du fond d'un calice, rangées trois à trois le long des rameaux : ces Fleurs étant passées, il succéde des semences triangulaires, coulantes, luisantes, de couleur noire tirant sur le rouge, & bonnes pour trois ans.

Culture de l'Ozeille.

L'OZEILLE de la grande eſpéce & celle nommée vierge ſont vivaces & celles dont on doit faire le plus de cas. Elles ſe tranſplantent tous les trois ou quatre ans à la fin d'Avril & de Septembre ſur des planches ou plattes bandes dreſſées exprès : elle multiplie de ſes groſſes touffes que l'on ſépare en pluſieurs petites. Il faut enſuite bien fumer & labourer la terre & y tirer des alignemens à la diſtance d'un pied ſur tout ſens.

LA ſeconde eſpéce comme la troiſiéme ſe ſeme en Mars & Août, & demandent une terre bien préparée ; ſi elle leve trop drüe , il faut l'éclaircir & la nettoyer des mauvaiſes Herbes. Vers la fin de Novembre il faut lui donner un amandement pour s'en ſervir au ſortir de l'Hyver.

Propriété de l'Ozeille.

L'OZEILLE eſt d'uſage dans les ſoupes, avec les œufs, fricandeaux & le poiſſon : ſon goût aigret plaît, excite l'apétit , n'a rien de mauvais pour la ſanté, elle déſaltere, fortifie le cœur, arrête les cours de ventre, eſt apéritive, rafraîchiſſante , a la vertu d'effacer les taches d'encre, de nettoyer & de déroüiller le cuivre : ſi l'on a les dents agacées, quelques feuilles mâchées y remédient, elle aide à la circulation du ſang & le rend fluide.

Deſcription du Panais.

SA racine eſt groſſe longue, blanche, charnuë, nerveuſe, d'odeur forte, le goût n'eſt point déſagréable. Ses feuilles ſont amples, découpées, dentellées ſur les bords, d'un vert clair, luiſant, portée ſur une longue queuë, rangées deux à deux, juſqu'au nombre de dix ou douze. Sa tige monte à quatre & ſix pieds, groſſe, droite, creuſe, noüeuſe & rameuſe, terminée par de grands paraſols, compoſés de Fleurs jaunes à cinq fleurons diſpoſés en roſes. Les Fleurs étant paſſées, il ſuccéde des ſemences jointes deux à deux, de figure ovale, applaties, couvertes de petites feuilles: la graine eſt bonne pour deux ans.

Culture du Panais.

LA culture du Panais eſt ſemblable à celle de la Carotte. Vers la fin de Mars on en ſeme la graine dans une bonne terre, profondément labourée: ſi elle leve trop druë, il faut l'éclaircir, la placer à un pied de diſtance l'une de l'autre. Le Panais viendra gros en lui donnant de temps en temps de petits labours, &

ayant ſoin d'en arracher les mauvaiſes Herbes qui l'empêchent de profiter.

Propriété du Panais.

LE Panais eſt communément en uſage dans les ſoupes, les coulis & le jus. Sa graine eſt diurétique, carminative, elle entre comme l'anis, avec les autres ſemences chaudes, pour diſſiper les vapeurs, les vents, la colique, & elle arrête les cours de ventre.

Deſcription de la Patience.

SA racine eſt longue, droite, jaune, groſſe d'un doigt, de goût amer. Ses feuilles ſont longues, étroites, pointuës, de goût acre. Sa tige eſt rougeâtre, droite, ferme, moëlleuſe, elle monte de quatre à cinq pieds, eſt rameuſe. Ses Fleurs ſont nombreuſes, placées le long de ſes rameaux, compoſées de ſix étamines vertes, qui venant à tomber, produiſent des ſemences triangulaires, rouſſeâtres & luiſantes, bonnes pour deux ans.

Culture de la Patience.

LA culture de la Patience ne différencie point de celle de l'Ozeille. On ſeme la graine en Mars & en Août, ſur des Planches bien amandées & labourées ; si elle leve trop épais, il faut l'éclaircir, l'arroser dans le commencement & en arracher les mauvaises Herbes.

Propriété de la Patience.

SEs feuilles sont en usage dans les soupes maigres & rafraîchissantes, mêlées avec d'autres Herbes semblables. Sa racine est laxative, apéritive : elle sert dans l'hidropisie, la jaunisse, les dartres & la gravelle.

Description du Persil.

IL y a plusieurs espéces de Persil. Le commun, le frisé, la grande espéce, celui de Macédoine & le panacé. Les racines du Persil en général sont grosses comme le doigt, droites, fibreuses. Ses feuilles sont pour l'ordinaire profondément découpées, unies, frisées ou grappées, selon l'espéce, d'un beau vert luisant, d'odeur forte & agréable, portées sur une longue queüe, menuë, arrondie d'un côté & canelée de l'autre. Sa tige est haute de trois à quatre pieds, droite, ronde, nouëuse & rameuse. Ses Fleurs naissent aux extrémités de ses rameaux terminés par des bouquets arrondis, disposés en parasols, composés chacune de cinq fleurons inégaux de couleur jaunâtre. Ses Fleurs étant passées, il succéde des semences jointes deux à deux formées en oval, arrondies sur le dos & convexes de l'autre, de goût chaud, acre, & d'odeur forte, de couleur griseâtre, bonnes pour dix ans.

Culture du Persil.

LE Persil se seme en deux Saisons, la premiere semence à la fin de Mars, la seconde en Août, soit sur planches ou plattes bandes; il faut que la terre soit bien fumée & préparée pour le recueillir beau, & ne point négliger d'arracher les mauvaises Herbes qui l'empêcheroient de croître; on doit aussi l'arroser souvent, surtout dans les grandes sécheresses.

Propriété du Persil.

IL n'y a point de si petit Jardin que le Persil n'y ait sa place marquée, pour l'utilité d'une maison, n'y ayant presque aucun mets où il ne puisse entrer. Sa racine & ses feuilles prises en décoction, provoquent le vomissement, dissipent la pierre des reins, de la vessie & le lait aux femmes, il ôte la püanteur de l'haleine. Ses feuilles pilées avec de l'eau-de-vie sont propres aux blessures, brûlures & contusions.

Deſcription de la Pimprenelle.

SA racine eſt rougeâtre, longue, droite & menuë, diviſée en pluſieurs fibres. Ses feuilles ſont rondes, dentelées, rangées deux à deux ſur une longue queuë, couleur d'un rouge obſcur. Ses tiges ſont droites, hautes de deux pieds, portant à leurs extrémités des petites têtes rondes, garnies de Fleurs rouges veloutées. Ces Fleurs étant ternies, il ſuccéde des graines ovales, triangulaires, terminées en pointe, de couleur rouſſeâtre & graveleuſes, bonnes pour deux ans.

Culture de la Pimprenelle.

LA Pimprenelle eſt une des fournitures de ſalade. Sa graine ſe ſeme au mois de Mars ſur planches ou plattes bandes, au Soleil ou à l'ombre, il n'importe, pourvû qu'on ne la laiſſe pas manquer d'eau. Elle vient même dans les chemins ſans qu'on ſe donne la peine de la cultiver.

Propriété de la Pimprenelle.

LA Pimprenelle eſt rafraîchiſſante, apéritive, vulnéraire, purifie le ſang, propre aux fluxions de poitrine, à la ptiſie, provoque les ſüeurs & pouſſe les urines. Ses feuilles infuſées dans du vin blanc, diſſipent l'enflûre & l'hidropiſie.

Deſcription du Pois.

SA racine eſt menuë, déliée, droite, brune, fibreuſe, longues de trois à quatre pouces; il n'a qu'une ſeule tige, haute de deux, trois, quatre, juſqu'à cinq pieds & plus, ſelon l'eſpéce. Elle eſt liſſe, creuſe, foible, d'un vert bleüâtre. Ses feuilles ſont de même, rangées de diſtance en diſtance le long de ſa tige, portées ſur une côte, ſortant des aiſſelles de deux oreilles annexées à la tige, garnies de quatre, ſix ou huit feuilles liſſes, ovales, réguliérement placées & terminées par deux urilles pour s'accrocher les unes aux autres & ſe ſoutenir, au défaut de rames. Il ſort des aiſſelles des mêmes oreilles une petite côte terminée par des Fleurs compoſées de quatre fleurons inégaux, de couleur blanche ou rouge, ſelon l'eſpéce. Chaque bouquet a deux Fleurs, quelquefois une ſeule. Ces Fleurs étant paſſées, il ſuccéde des coſſes longues de deux ou trois pouces, remplies de ſemences vertes & rondes dans leur jeuneſſe & blanches, jaunes ou griſes quand elles ſont mûres.

Culture des Pois.

QUOIQUE les Pois ſoient cultivés autant & plus que tous les autres Légumes, je ne dois pas moins ſuivre le plan que je me ſuis fait de décrire leur culture.

ON prétend qu'il y a plus de quinze eſpéces de Pois différentes, en forme ou couleur, de différens goûts & qualités. On s'apperçoit ſouvent que la plûpart des meilleures eſpéces dégénérent, ce qui, par une variation ou caprice de la nature, qui ſe plaît à nous en procurer de temps en temps de nouveaux, peut arriver tous les ans.

LES eſpéces de Pois venuës à ma connoiſſance, ſont.

Le Pois Baron.

Le Pois Michaud.

Le Pois nain hâtif.

Le Pois Hauchart.

Le Pois nain tardif.

CES cinq eſpéces différentes de Pois ſont propres à écoſſer.

LE Pois ſans pareil, celui du Maſſon, ſans parchemin, celui de Strasbourg, le Pois de Montencourt & celui à longue coſſe, tous ainſi nommés des lieux ou des perſonnes qui en ont fait la découverte, ſe mangent avec leurs coſſes.

LE Pois Baron eſt hâtif, il vient long de trois pieds; la Fleur en eſt blanche.

Le Pois Michaud eſt hâtif, il monte à trois & quatre pieds ; ſa Fleur eſt auſſi blanche.

Le Pois nain hâtif, le grain en eſt médiocre, eſt haut de deux pieds, il a de même la Fleur blanche.

Le Pois nain tardif monte à deux ou trois pieds. Son grain eſt applati des deux côtés ; ſa Fleur eſt auſſi blanche.

Le Pois Hauchard eſt tardif, il monte à deux & trois pieds ; il a de même la Fleur blanche.

Le Pois ſans pareil eſt le plus hâtif, a le grain gros & inégal : il monte à un pied & demi, la Fleur en eſt blanche.

Le Pois du Maſſon eſt hâtif, eſt haut de trois à quatre pieds ; ſa Fleur de même eſt blanche.

Le Pois ſans parchemin eſt plus tardif, il monte à quatre & cinq pieds ; il a ſa Fleur rouge.

Le Pois de Strasbourg eſt tardif, eſt haut de quatre pieds ; ſa Fleur eſt de même rouge.

Le Pois de Montencourt eſt tardif, il monte à quatre & cinq pieds ; ſa Fleur eſt blanche.

Le Pois à longues coſſes eſt tardif, il vient pour l'ordinaire haut de quatre pieds ; il a auſſi ſa Fleur blanche.

Pour connoître leurs couleurs, les Fleurs ſont blanches, lorſqu'ils ſont blancs ou jaunâtres : & ſi le grain eſt gris, roux ou noirâtre, les Fleurs ſont rouges.

Quant à leur hauteur, je ne prétends point aſſurer que les Pois montent tous les ans à celle que je viens de décrire, il y a ſouvent du plus ou du moins, qui dépend du terrein & des Saiſons. Si la terre n'eſt que médiocre, ils auront moins de hauteur, ſurtout s'il fait un temps ſec ; la récolte n'en ſera pas forte, ils ſeront plutôt mûrs & auront moins de qualité : ſi au contraire ils ſont plantés dans une terre forte, & que la Saiſon ſoit pluvieuſe ou humide, ils monteront plus haut, la dépouille en ſera plus forte, & auront plus de qualité. Sans m'écarter davantage, je reviens à leur culture.

CEUX qui ont des Jardins de peu d'étenduë ſe bornent ordinairement à ne planter de ce Légume qu'autant que leur terrein le permet, & cette conduite eſt bonne. Mais dans les Jardins ſpacieux qui ſuppoſent une groſſe maiſon, on en plante en différens temps des quarrés entiers, pour fournir toute l'année, ſoit verts, ſoit ſecs, aux beſoins de la cuiſine.

SI l'on veut des Pois hâtifs, & en avoir dans la primeur, il faut choiſir une terre amandée & bien préparée, ſituée à la bonne expoſition du Levant ou du Midi, à l'abri des murailles ; dreſſer enſuite des planches larges de deux pieds pour y planter trois ou quatre rangées de Pois.

POUR réuſſir, on commence à planter la premiere ſemence, ſi le temps le permet, à la mi-Janvier, la ſeconde vers la fin de Février, & la troiſiéme en Mars ; & alors on peut en planter indiſtinctement dans tous les endroits du Jardin.

Ils se plantent par touffes au nombre de six ou huit grains dans chaque trou, fait avec le plantoir, à la distance de cinq ou six pouces l'un de l'autre & profond de trois en terre, ensuite on y fait passer la petite herse, le rateau ou la fourche.

Au mois de Mars on seme les Pois nains dans des rayons tracés au cordeau sur planches, à la distance de huit ou dix pouces les uns des autres, profonds de trois en terre, dans lesquels rayons on seme les Pois, qu'il faut recouvrir aussitôt, pour empêcher les Pigeons de les emporter.

Les Pois levés & sortis de terre à hauteur de trois ou quatre pouces, on leur donne un petit labour, par un temps beau & sec, ce qui fait flêtrir & périr les mauvaises Herbes, qui, peu après sont déssechées par l'ardeur du Soleil; on rame ensuite les Pois pour les empêcher de ramper sur terre ces rames se fichent dans la terre aux deux côtés & au milieu des planches : il faut observer de les tenir un peu couchées pour ne point embarasser les passages des sentiers & avoir plus de facilité à cueillir les fruits.

On doit semer ou planter des Pois tous les mois, depuis & à compter de Janvier, si le temps le permet, jusques dans celui de Juillet; c'est le moyen d'en avoir dans le Printemps, l'Eté & l'Automne.

Propriété des Pois.

SI les Pois étoient auſſi bienfaiſans que leur goût plaît, on en feroit uſage toute l'année; mais ils ſont venteux & indigeſtes, malgré cela on les aime, ſurtout dans leur nouveauté, cependant ils ſont apéritifs, reſtaurans, émollians & laxatifs.

Deſcription du Poivre long.

SA racine eſt brûnâtre, ligneuſe & fibreuſe. Ses feuilles, oblongues, liſſes & pointuës, d'un beau vert luſtré. Sa tige s'éleve à un pied, branchuë, verte & noüeuſe. Ses Fleurs blanches ſortent en eſpéce de bouquet du fond des aiſſelles de ſes feuilles, formées en étoile, portées par un calice qui les produit : ces Fleurs paſſées, il ſuccéde des fruits allongés, courbés, diſpoſés en maniere de cornets, attachés à une longue queüe, ayant le goût acre & picquant; ce poivre qui eſt d'abord vert & d'un rouge de corail vif au point de ſa maturité, renferme des ſemences rondes, applaties, rouſſeâtres, tirant ſur le jaune, bonne pour deux ans.

Culture du Poivre long.

SA graine ſe ſeme ſur Couches en Avril, elle ſe replante en Mai, ſur des planches bien fumées & préparées, à la diſtance de huit à dix pouces les uns des autres. Pour la faire produire il faut avoir soin de l'arroser dans les temps chauds. Le fruit se cueille au point qu'on veut l'avoir, soit vert pour le confire, ou mûr pour en conserver la graine.

Propriété du Poivre long.

LE Poivre étant vert & confit dans le sucre, aide à la digestion, fortifie l'estomach, dissipe les vents. On le mêle aux Cornichons, il se confit de même, & excite l'apétit.

Description du Pourpier.

LE Pourpier cultivé est de deux espéces, l'un est doré, l'autre est vert. La racine du premier est brûnâtre, simple, garnie de fibres. Ses feuilles rondes, épaisses, luisantes, réguliérement rangées sur la côte, de couleur dorée, sans odeur, couvertes d'un blanc luisant pardessous, il pousse des tiges longues d'un pied, grosses, droites, charnuës, rondes, tendres, rougeâtres, qui forment à l'extrémité de ses branches une touffe de petites Fleurs jaunâtres, soutenuës par un calice d'une seule piéce, formée en coque; ces Fleurs étant passées, il paroît un petit fruit en forme d'urne, qui venant à s'ouvrir en deux par le milieu, fait voir des semences très-fines, de couleur noire, bonnes pour quatre ans.

Culture du Pourpier.

LE Pourpier vert, qui est moins susceptible de froid que le doré, se seme sur Couches & sous Cloches dans le mois de Mars & même jusques en Mai. Alors on laisse celui-ci, pour semer le doré, soit sur Couches ou en pleine terre, bien fumée & préparée; on peut en planter quelques planches à cinq ou six pouces de distance d'une Plante à l'autre, pour en avoir des côtes fortes. Il faut au besoin lui donner de l'eau & le nettoyer de toutes mauvaises Herbes pour le voir bien profiter.

Propriété du Pourpier.

LE Pourpier est rafraîchissant, adoucit les acretés de la poitrine, tüe les vers, purifie le sang, les ulcéres de la bouche, appaise la soif; ses feuilles & ses côtes sont d'usage dans l'aliment Les feuilles mâchées dissipent, comme l'Ozeille, l'agacement des dents.

Description du Porreau.

SA racine est une touffe de filamens blancs, longs & multipliée de fibres, produisant plusieurs tuniques blanches, lisses, luisantes, jointes les unes aux autres, qui s'élevent, développent & deviennent des feuilles longues d'un pied, étroites, formées en goutieres, épaisses, lisses, bleüâtres, d'odeur forte & peu agréable. Il s'éleve de leur centre une tige haute de trois à quatre pieds, grosse comme le doigt, ferme, unie, remplie d'un suc visqueux, portant à l'extrémité une grosse tête arrondie, couverte d'une manbrane blanche & pointuë; la tête venant à s'ouvrir, découvre un gros bouquet de Fleurs blanches ou de couleur purpurin, composées chacune de six fleurons disposés en forme de cloche renversée. Ces Fleurs étant passées, il leur succéde des fruits ronds, divisés en trois loges remplies chacune de trois graines noires & triangulaires, elles sont bonnes pour deux ans.

Culture du Porreau.

LA culture du Porreau est des plus simples; sa graine se seme en pleine terre vers la fin de Février sur quelques planches dressées exprès & dont la terre soit bien fumée & labourée; il faut avoir soin de l'arroser au besoin, & détruire toutes les mauvaises Herbes qui lui nuisent.

LE Porreau étant assez fortifié (ce qui arrive vers la Saint Jean, quelquefois plutôt) & s'il a atteint la grosseur d'une forte plume, on doit commencer à dresser des planches bien fumées & labourées, à telle largeur qu'il plaira, observant de mettre les rangées à six pouces les unes des autres, & de poser le Plant de même.

Avant d'arracher le Plant, il faut d'abord le moüiller, ensuite couper la moitié de ses fanes & de ses racines jusques près du talon.

Ces préparations faites, on plante le Porreau avec le plantoir à cinq & six pouces de profondeur en terre, & sans boucher le trou, on l'arrose, si le temps est sec, l'eau emporte la terre, couvre la racine, la Plante est mouillée à fond & reprend si facilement qu'au bout de trois jours ont voit les feuilles allongées: il faut continuer d'arroser, si le temps l'exige, & donner de petits labours de temps à autre, c'est le moyen de les faire croître à vüe d'œil.

Au mois de Novembre on les déplante pour les replanter ensuite profonds en terre, à quelques abris en pépiniere, afin de leur procurer de la blancheur & de les rendre tendres.

Propriété du Porreau.

LE Porreau est apéritif, incisif, pénétrant, résolutif, étant cuit il excite les crachats, les urines, provoque les mois aux Femmes, abbat les vapeurs, est propre à guérir les hémoroïdes, en l'appliquant en forme de cataplasmes, elles détendent, & il emporte l'inflammation.

Description du Raifort sauvage.

LE Raifort sauvage fait sa racine en carotte, grosse, jaunâtre, longue, fibreuse, très-profonde en terre, d'un goût brûlant & picquant, tel que la Moutarde, ce qui l'a fait nommer Moutarde des Allemands ou des Capucins. Ses feuilles sont longues, larges, pointuës, cloquetées, dentellées sur le bord d'un vert foncé, portées sur une longue queuë, formée en goutiere. Sa tige n'est pas proportionnée à la Plante, elle est foible, peut à peine se soutenir, elle est droite, dure, haute de deux à trois pieds, formée en rameaux; sa Fleur est blanche, composée de quatre petits fleurons inégaux, disposés en roses: la Fleur étant tombée, il succéde une petite graine ronde, applatie, de couleur griseâtre.

Culture du Raifort sauvage.

QUOIQUE le Raifort soit une Plante sauvage, il n'est pas moins cultivé, & ses proprieté lui font avoir place dans les Jardins. Il se multiplie de ses rejettons ou des œillets coupés sur la tête des fortes Plantes, qu'il faut enfoncer deux ou trois pouces en terre, à la distance d'un pied les uns des autres.

Sa culture n'a rien de particulier, il vient par tout & à toute exposition.

Propriété du Raifort sauvage.

SA racine est un antiscorbutique, elle est pectorale, stomachale, a la vertu de purifier le sang, de pousser les urines, soulager les asthmatiques, les hidropiques en l'infusant dans le vin blanc, excite l'apétit ; on en fait usage en gras & en maigre au lieu de Moutarde.

Description du Remolas ou Raifort.

IL y a quatre espéces de Remolas, deux de noirs, une de gris & l'autre blanc, le noir étant sujet à dégénérer dans certains terreins, le gris & le blanc en proviennent, c'est du noir que je veux seulement parler ayant plus de mérite & de qualité.

SA racine est quelquefois de la grosseur du bras, longue, droite, charnuë; sa chair est blanche, ferme, d'un goût picquant & qui plaît. Ses feuilles sont grandes, decoupées profondément, dentelées sur les bords, rudes au toucher, veluës, vertes, portées par une longue queuë, garnie de petits poils clairs, vertes d'un côté & d'un rouge purpurin de l'autre. Sa tige s'éleve à environ trois pieds, ronde, creuse & rameuse, portant à son extrémité des Fleurs composées de quatre fleurons disposés en croix, de couleur amaranthe, soutenuë par un calice allongé, elles se changent par la suite dans des siliques courtes, rondes, enflées au milieu & pointuës, renfermant quatre ou six graines rondes, couleur de canelle, bonnes pour quatre ans.

Culture du Remolas.

DEs deux espéces de Remolas noirs, l'un est hâtif, l'autre tardif: la graine du premier se seme en Mars, afin d'en avoir de bonne heure, & le second vers la mi-Mai, en le semant plutôt il seroit sujet à monter en graine; il lui faut une terre bien amandée & profondément labourée: s'il leve trop épais, il faut l'éclaircir & le placer à huit ou dix pouces l'un de l'autre, afin de lui procurer une belle croissance.

Propriété du Remolas.

SA racine est apéritive, incisive, détersive, propre à la pierre, colique, retentions d'urines, jaunisse, hidropisie & scorbut; elle est aussi d'usage dans les fiévres malignes, en l'appliquant sous la plante des pieds, elle emporte la fiévre.

Description de la petite Rave ou Radix.

IL y a trois eſpéces de petites Raves : la premiere, s'appelle Rave de tous les mois ou d'Allemagne, elle eſt blanche, courte & ronde. La ſeconde, eſt blanche, groſſe & longue : & la troiſiéme eſpéce, eſt le Radix long, droit, uni, rouge hors de terre & blanc en dedans : la chair eſt blanche, ferme, caſſante, ayant le goût picquant & agréable Sa feuille eſt longue, découpée, verte & rude au toucher. Sa tige croît de la groſſeur du doigt, d'un rouge violet, & creuſe : elle s'éleve à trois pieds ; les extrémités de ſes branches ſont garnies de Fleurs blanches ou rougeâtres, compoſées de quatre fleurons diſpoſés en croix, ſoutenus par un calice allongé : ces Fleurs étant paſſées, il ſuccéde des coſſes rondes, courtes, enflées au milieu & pointuës, renfermant des graines rondes, qui d'abord ſont vertes & en mûriſſant ſont couleur de canelle ; elles ſont bonnes pour quatre ans.

Culture de la petite Rave ou Radix.

ON commence à en ſemer vers la fin de Février ſur Couches nouvelles pour en avoir dans la primeur, & en Mars, Avril & Mai en pleine terre bien amandée : on la ſeme encore en Août & Septembre, qui ſera bonne à la fin de l'Eté & dans l'Automne, s'ils levent trop épais, il faut les éclaircir & les arroser aussi au besoin.

Propriété de la petite Rave.

LA petite Rave ou Radix est agréable au goût, d'usage à table en gras & en maigre, excite l'apétit & provoque les urines.

Description de la Réponse.

SA racine est blanche, droite, longue, de la grosseur du Radix & aussi bonne ; elle forme ses feuilles à fleur de terre, longue, d'un vert tendre comme la mâche : il s'éleve du centre une tige à la hauteur d'un pied & demi, rameuse, terminée par des Fleurs bleuës ou purpurines, formées en cloches, découpées en étoiles, portées sur des calices qui deviennent un fruit divisé en trois loges. remplies de petites graines arrondies, de couleur jauneâtre & luisantes, bonnes pour deux ans.

Culture de la Réponse.

LA Réponse se seme vers la fin d'Août sur des planches bien fumées & labourées : elle exige d'être souvent arrosée pour la faire lever de terre, la sarcler ensuite de toutes les mauvaiſes Herbes, & la laiſſer juſqu'après l'Hyver; alors on commence d'en jouir depuis le commencement de Février juſqu'à la fin d'Avril qui eſt le temps de pouſſer ſa tige; on laiſſe en terre ce que l'on veut pour monter en graines & la conſerver.

Propriété de la Réponſe.

ELLE eſt apéritive, rafraîchiſſante, provoque les urines, d'uſage en ſalade & propre aux inflammations de la gorge: ſa racine & ſes feuilles ſe mangent enſemble; le goût en eſt agréable, il tient de celui de la noiſette.

Deſcription du Salſifix.

SA racine eſt noire, longue, de la groſſeur du doigt, laiteuſe & amere: ſes feuilles ſont longues, étroites, pointuës, d'un vert clair: elle jette une tige de trois à quatre pieds, ronde, unie, moëlleuſe, ſe diviſant en pluſieurs rameaux, à l'extrémité deſquels ſont placées des Fleurs de couleur jaune, portées ſur un double calice allongé, qui groſſit à meſure que la Fleur ſe paſſe, & venant à s'écarter découvre une houppe blanche, portée par des ſemences longues, de couleur cendrée, garnie chacune d'une aigrette, & bonnes pour deux ans.

Culture du Salsifix.

DANS le commencement d'Avril il faut dresser quelques planches pour semer le Salsifix, avoir une terre bien amandée & profondément labourée, sans quoi elle est sujette à fourcher; sa graine étant longue, on doit après l'avoir semée, l'enterrer avec la petite herse ou la fourche de fer qu'on fait aller & venir de la même maniere qu'un rateau: s'il arrive qu'elle leve trop épais, il faut l'éclaircir & la placer à trois ou quatre pouces les unes des autres: il faut être vigilant à arracher les mauvaises Herbes Si l'on veut bien faire, on la laissera croître deux années avant d'en faire usage; la Plante en sera plus forte & aura plus de qualité.

Propriété du Salsifix.

SA racine est stomachale, rafraîchissante, cordiale, apéritive & pectorale; elle est d'usage dans le maigre & on l'employe dans les ptisannes.

Description du Scorsonaire.

SA racine est blanche, droite, grosse, fibreuse, laiteuse & amere. Ses feuilles sont longues & étroites, lisses, formées en goutiere.

Sa tige monte à quatre à cinq pieds, ronde, canelée, unie, se divisant en plusieurs rameaux. Ses Fleurs naissent à leurs extrémités, couleur de rouge violet, formées en Soleil, portées sur un calice allongé, qui venant à s'ouvrir fait une houppe formée en barbe de bouc, portée par des semences longues, couleur cendrée & garnies chacune d'une aigrette & bonnes pour deux ans.

Culture du Scorsonaire.

LA graine du Scorsonaire se seme à la fin de Mars, il faut préparer une ou plusieurs planches bien fumées & labourées ; la graine étant très-longue, on doit la bien enterrer par le secours de la herse ou de la fourche : si elle leve trop épais, il faut l'éclaircir & placer à trois ou quatre pouces les unes des autres : elle produira bien en lui donnant de petits labours de temps à autre & en arrachant les mauvaises Herbes qui nuisent toujours.

Propriété du Scorsonaire.

ON employe sa racine dans les maladies de malignité ; elle est pectorale, rafraichissante, apéritive, d'usage dans les cuisines pour le maigre : ses feuilles sont vulnéraires & consolidantes.

Deſcription de la Sariette.

SA racine eſt noirâtre, petite, ſimple & ligneuſe : ſes feuilles ſont petites, oblongues, étroites, preſque ſemblables à l'Hiſſope, d'odeur forte & agréable. Les Fleurs ſont petites, formées en gueule, tirant ſur le purpurin, portées ſur un calice, étant paſſées, il ſuccéde des petites graines rondes, fines, couleur d'ardoiſe, & bonnes pour quatre ans.

Culture de la Sariette.

SA culture eſt des plus ſimples, elle croît en tout terrein ſi facilement qu'elle ſe produit ſeule tous les ans où il y en a eu une fois. La graine ſe ſeme en Mars, elle viendra très-bien en ne négligeant pas de la ſarcler & l'arroſer au beſoin.

Propriété de la Sariette.

EST apéritive, pénétrante, fortifie l'eſtomach, aide à la reſpiration, provoque l'urine, fortifie les nerfs : on l'employe à l'aſſaiſonnement des petites Féves pour en relever le goût.

Description de la Sauge.

LA Sauge est une Plante vivace ; il en est de plusieurs espéces : je ne parlerai que de la grande & de la petite de Provence.

LA premiere forme une racine ligneuse, dure & fibreuse ; ses feuilles sont oblongues, larges, ridées, pointuës, épaisses, couleur d'un vert d'eau, d'odeur forte, pénétrante, agréable, d'un goût aromatique, portées sur une longue queuë, verte & quelquefois rougeâtre. Ses tiges montent à deux pieds, droites, dures, quadrangulaires, accompagnées de quelques rameaux qui produisent des Fleurs en forme d'épi, disposées en gueule, portées par un tuyau, découpées par le haut en deux lévres, ayant de l'odeur, de couleur bleuë, tirant sur le purpurin, soutenuës par un calice disposé en cornet, découpé en cinq parties : ces Fleurs étant passées, il survient quatre semences presque rondes, de couleur noirâtre.

LA petite Sauge de Provence forme sa racine & ses tiges dures & ligneuses : des feuilles petites & étroites : la Fleur est disposée comme celle de la grande espéce, mais d'un bleu plus vif.

Culture de la Sauge.

LA Sauge ſe multiplie de ſes Plantes, qui, étant fortes, ſe partagent en petites : elle ſe plante en bordures, ainſi que le Thim ou le Buis, en Avril & Septembre : elle ſe coupe tous les ans quand elle commence à fleurir. On la fait ſécher, pour la ſerrer enſuite en lieu ſec, & s'en ſervir au beſoin.

Propriété de la Sauge.

LA Sauge eſt ſtomachale, apéritive, réſolutive, hiſtérique, céphalique & nervale : on employe ſes feuilles & ſa Fleur dans les décoctions & fomentations aromatiques, pour fortifier les nerfs, ramollir les tumeurs, affermir les chairs. Ses feuilles appliquées ſur le front, donnent force à la vûe ; priſes en guiſe de Thé fortifient le cerveau, diſſipent les vertiges, les vapeurs, l'aſſoupiſſement, l'apoplexie & la paraliſie, aide à la circulation du ſang, & fortifie les eſtomachs foibles.

Description du Thim.

SA racine grise, ligneuse, dure cheveluë & fibreuse, jette nombre de branches ou petits rameaux à la hauteur de huit à dix pouces, formant une touffe épaisse & pleine, garnie de petites feuilles oblongues, étroites, cendrées, d'odeur forte, aromatique & des plus agréables. Ses Fleurs naissent en forme de petits bouquets aux extrémités de ses rameaux, de couleur purpurin, formées en gueule; chaque Fleur est un petit tuyau découpé par le haut en deux lévres, étant passées, il succéde des graines brunes, rondes, petites, renfermées dans un calice qui a servi à la Fleur, & sont bonnes pour deux ans.

Culture du Thim.

LE Thim se multiplie de graines, mais encore mieux des fortes Plantes enracinées, que l'on sépare en plusieurs petites. Il se met en bordures, se plante comme le Buis en Avril & se renouvelle tous les trois ans: il faut le couper tous les ans vers la fin de Mai à deux pouces de terre, le faire secher & le mettre en lieu sec, pour s'en servir au besoin en gras & en maigre.

Propriété du Thim.

LE Thim est apéritif, pénétrant, incisif, résolutif, fortifie le cerveau, entre dans les décoctions, les infusions aromatiques & céphaliques, propre à l'asthme, aux coliques venteuses, excite l'apétit, provoque la sueur & aide à la digestion.

Description de la Trique-Madame.

LA Trique-Madame est une espéce de petite Jombarde, qui pousse plusieurs tiges tendres, rampantes, couvertes de petites feuilles oblongues, épaisses, grosses & pointuës. Les Fleurs sont petites, disposées en rose, de couleur jaune.

Culture de la Trique-Madame.

SA culture est des plus simples, elle se multiplie de ses rejettons, que l'on sépare de ses fortes Plantes, qui forment autant de nouveaux pieds étant plantés dans une bonne terre à la distance de six à huit pouces les uns des autres. pour les faire profiter & rendre tendres, il faut les arroser souvent.

Propriété de la Trique-Madame.

ELLE eſt rafraîchiſſante, humectante, excite l'apétit, eſt d'uſage dans les petites Herbes & avec les Salades, étant mêlées avec d'autres pour ſervir de fournitures.

OBSERVATION SUR LA CULTURE.

ES Mois ſtériles & diſgracieux, ceux qui s'oppoſent le plus à la culture ſont Décembre, Janvier, juſqu'à la mi-Février : pendant ce temps, la violence des pluyes & des gelées ont coutume d'amollir, d'endurcir & de réfroidir la terre, & l'abondance ordinaire des neiges, dont elle eſt couverte, font abſolument ceſſer les opérations ; enſorte que les terres les plus fertiles, ſont alors ſtériles : cependant, malgré ces oppoſitions, il y aura encore aſſez de travail pour ne pas reſter dans l'oiſiveté, & le détail des travaux du Jardinier, pendant les douze mois de l'année, renferme tout ce qui eſt à faire. On verra d'un coup d'œil dans l'abregé qui ſuit ce qu'il eſt néceſſaire de pratiquer dans tous les temps & en toutes les Saiſons.

Travail du mois de Janvier.

DETRUIRE les vieilles Couches, séparer le terreau, le mettre en un lieu sec pour l'employer au besoin

Transporter le fumier sur les terres qu'on veut amander.

S'il se trouve des Arbres languissans, faute de nourriture, il faut les déchausser & leur donner des amandemens

Planter les premiers Pois hâtifs, si le temps le permet.

Tailler la Vigne, les Poiriers & les Pommiers.

Faire des provisions de fumier, pour former des Couches nouvelles.

Ebrancher les Arbres à plein-vent.

Travail du mois de Février.

CHERCHER à détruire les couvées ou les œufs des chenilles.

Faire les premieres Couches pour la petite Laituë & les radix.

Planter les seconds Pois & les Féves.

Tailler les Arbres.

Semer les premiers Melons sur Couches nouvelles.

Planter toutes espéces d'Arbres fruitiers.

Semer les Choux de Savoye & les Choux rouges.

Semer la graine de Porreau.

Greffer les fruits à noyaux, Pruniers & Cerisiers.

Travail du mois de Mars.

FAIRE des Couches nouvelles, pour semer & repicquer les Melons.

Planter des Pois & des Féves.

Semer le Cerfeuil & le Cresson.

Le Persil & les Epinards.

La graine d'Oignons dans les terres légeres.

Les Porreaux.

Tailler les Arbres.

Semer les Pepins des Orangers.

Espéce de Laituës à pomme, Romaines, Chicons & Batavia.

Semer la graine d'Asperges.

La Bette blanche, la Bette-Rave, la Carotte, la Bonne-Dame.

Semer les Choux à pomme, l'Hissope & l'Ozeille.

Les Radix, la Ciboule.

Le Pourpier vert sur Couches.

Le Céleri sur Couches.

La graine de Giroflées sur Couches.

Le Salsifix blanc, les Panais.

Planter en place les Choux qui ont passé l'Hyver.

Les Ails & les Echalottes

Le Thim & la Sauge.

La Lavande & la Melisse.

La Marjolaine.

Les Groseiliers, Framboisiers & Fraiziers.

Les Asperges.

Rencaisser les Orangers.

Semer les Remolas hâtifs.

La Moutarde.

La Sariette.

Les derniers Melons.

Les Concombres sur Couches.

Travail du mois d'Avril.

TAILLER, au commencement de ce mois, les pêchers & Abricotiers.

Faire des Couches nouvelles pour planter les Melons.

Semer le Scorsonaire.

Les labours des Jardins doivent se faire avec diligence.

Greffer les fruits à pepins, Poiriers & Pommiers.

Découvrir les Artichauds & les Figuiers.

Semer le Céleri en pleine terre.

Nettoyer les allées du Jardin.

Semer les Laituës à pomme & de toutes espéces.

Planter Pois & Féves.

Transplanter l'Ozeille.

Resemer des Radix.

Faire des Couches & des Meules de Champignons.

Faire d'autres Couches pour transplanter les Melons.

Semer le Fenouil, les Capucines.

Le Poivre long & la Bourache.

Transplanter le Raifort sauvage.

Semer & transplanter la Buglose.

Œilletonner les Artichauds.

Planter les Artichauds.

Planter les premiers Haricots, le Chérui.

Semer le Cardon d'Espagne.

Travail du mois de Mai.

LA négligence donnant plus de peine que la diligence & l'attention, il faut couper, arracher & détruire toutes les mauvaises Herbes, sans quoi elles donneront au Jardinier plus d'occupations qu'il ne voudra, on pourra à temps

Planter les Giroflées en pepinieres.

Planter les Haricots, disposer la terre pour planter les Choux à pomme.

Semer le Basilic sur nouvelles Couches.

Semer le Pourpier doré sur Couches & en pleine terre.

Semer les premieres Endives.

Tailler les Melons.

Planter Pois & Féves.

Semer la Chicorée ſauvage.

Semer le Remolas, ramer les Pois.

Semer le Choux Fleur.

Commencer à ſe ſervir de l'arroſoir.

Semer la Laituë à pomme & de toutes eſpéces.

Semer la Romaine, les Chicons & le Batavia.

Semer le Concombre & la Citrouille en pleine terre.

Repicquer le Céleri en pleine terre.

Planter les derniers Melons ſur nouvelles Couches.

Eclaircir toutes les Plantes qui ont levées trop épais.

Semer le Cerfeuil & le Creſſon.

Planter la Laituë à pommer.

Les Fleuriſtes curieux doivent, à la fin de ce mois, ſemer leurs graines d'Œillets.

Travail du mois de Juin.

PLANTER les Choux à pomme & de toutes eſpéces.

Semer des Endives, tranſplanter le Céleri.

Planter des Haricots.

Semer les premiers Navets.

Semer les derniers Choux-Fleurs.

Planter les Porreaux.

Les Cardons d'Eſpagne.

Bettes blanches & les Pois.

Semer le Pourpier.

Ramer les Pois & les Haricots montans.

Planter les premiers Choux-Fleurs.

Planter les Giroflées, tondre le buis, couper toutes les Herbes odoriférantes.

Ebourgonner & paliſſer la Vigne.

Ecuſſonner les eſpéces de fruits à noyaux.

Au défaut de pluyes, il faut ſuppléer par d'amples arroſemens.

Ebourgeonner & paliſſer les Pêchers & Abricotiers.

Planter des Endives & Laituës.

Ne point négliger d'arracher les mauvaiſes Herbes, outre que c'eſt un poiſon, il ne cauſe que de la malpropreté dans un Jardin.

Travail du mois de Juillet.

ACHEVER d'ébourgeonner & de paliſſer la Vigne, les Pêchers, les Abricotiers, ſi on n'avoit pu entierement le faire dans le mois précédent.

Ecuſſonner encore les fruits à noyaux.

Semer des Navets & des Endives.

Planter les derniers Pois.

Tranſplanter le Céleri en rigolles ou en pleine terre.

Ecuſſonner les fruits à pepins.

Planter les derniers Haricots & les derniers Choux-Fleurs.

Semer les dernieres Laituës à pomme & les dernieres Endives.

Planter des Laituës & des Endives.

Déplanter les Ails & les Echalottes.

Recueillir les graines parvenuës à leur maturité.

Semer encore la graine de Pourpier.

Marcotter les Œillets, ébourgeonner & palisser les Poiriers & Pommiers.

Recueillir les Pois mûrs pour la provision.

Semer des Navets.

Il faut pendant ce mois beaucoup d'assiduité & d'application ; la grande sécheresse, sans les arrosemens, fait la désolation, & les fréquens arrosemens font les belles productions.

Travail du mois d'Août.

ACHEVER d'ébourgeonner & palisser les Poiriers & Pommiers.

Semer les derniers Navets, planter des Laituës & des Endives.

Découvrir les fruits ombragés de leurs feuilles.

Du vingt au vingt-quatre semer les Laituës pour passer l'Hyver.

Semer les Choux rouges & ceux de Savoye pour passer l'Hyver.

Semer Epinards, Cerfeuil & Mâche.

Persil, Réponse, Ozeille.

La petite Rave ou Radix.

Couper le montant des Artichauds qui ont porté leurs fruits.

Adosser le Céleri pour la premiere fois.

Arroser beaucoup, si le temps le demande.

Travail du mois de Septembre.

EBOURGEONNER la Vigne pour la seconde fois.

Semer la graine d'Oignons, d'Epinards & la Laituë pour passer l'Hyver.

Semer le Cerfeuil & la Mâche.

Un Jardinier curieux doit être exact à recueillir ses graines.

Adosser le Céleri pour le faire blanchir.

Lever les Marcottes d'Œillets.

Lier les feuilles des Choux Fleurs si le fruit n'est pas assez blanc.

Commencer à faire blanchir les Cardons d'Espagne.

Sarcler & éclaircir les Plantes qui ont levé trop épais.

Planter les Fraiziers & le Buis.

Dans ce mois, les Fruits ont atteint leur grosseur, leur beau coloris & leur maturité, il s'agit alors de profiter des présens que la nature présente avec libéralité & prend plaisir à récompenser les soins & les travaux du Jardinier Cultivateur.

Travail du mois d'Octobre.

CONTINUER de motteler le Céleri, pour lui procurer le degré de blancheur.

Empailler & adosser les Cardons d'Espagne.

Continuer de lier les feuilles du Choux-Fleur, pour l'attendrir & lui procurer le degré de blancheur.

Planter en pepiniere, à de bons abris, les Choux à pommer l'Eté suivant, pour les conserver pendant l'Hyver.

Planter les Laituës d'Hyver à de bonnes expositions.

Arracher la Carotte & la Bette Rave.

Cueillir le fruit mûr.

Nettoyer pour la derniere fois les allées du Jardin.

User de diligence à labourer pour la derniere fois, avant l'Hyver, les terreins vuides.

Travail du mois de Novembre.

PLANTER en ce mois toutes espéces d'Arbres fruitiers.

Couper le montant des Asperges, planter la Vigne.

Commencer à motteler les Artichauds avec la terre prise entre les rangées.

Planter en cave profonde la Chicorée sauvage.

S'approvisionner de longs fumiers à couvrir les Artichauds.

Continuer de faire blanchir les Cardons d'Espagne.

Détacher & couvrir le Figuier avec des longues litieres.

Ne point négliger de transporter du Jardin tout ce qui pourroit périr par la gelée.

On peut sans crainte tailler les Arbres, principalement ceux languissans.

Travail du mois de Décembre.

COUVRIR les Artichauds avec de grandes litieres.

Tailler dans ce mois la Vigne & les Arbres.

Planter les Arbres fruitiers.

Transporter le fumier sur les terres à amander.

Planter les Groseiliers & les Framboisiers.

Ebrancher les Arbres à plein-vent.

Couvrir le Céleri avec de grandes litieres.

Enfin déplanter les Choux pommés & les mettre à l'abri des injures de l'Hyver.

RÉFLEXIONS

Sur cette premiere Partie.

ON a rassemblé dans le meilleur ordre qu'il a été possible les régles & les instructions sur ce qui regarde la culture du Jardin Potager & les différentes espéces de Légumes qui peuvent être cultivées. Si la terre, cette mere nourriciere, donnoit ses productions sans le secours des peines, l'homme seroit lâche & paresseux : l'ordre exprès du Souverain Être & l'arrêt porté contre Adam & sa Postérité assujettit l'homme aux travaux, & il en est bien récompensé par la libéralité de la Nature & la culture de la terre qu'il posséde. Il doit donc, dans ce même esprit, s'efforcer de connoître & approfondir la Nature dans chaque Plante en particulier, & après avoir acquis cette connoissance, le surplus ne doit plus dépendre que de l'industrie & prudence du Cultivateur, pour procurer à la terre tous les traitemens les plus convenables à en retirer d'amples productions.

JE vais passer successivement à la culture & aux soins que les Arbres fruitiers exigent.

Fin de la premiere Partie.

LE

LE JARDINIER *D'ARTOIS*, OU LES *ELEMENS* DE LA CULTURE *DES JARDINS FRUITIERS*, A L'USAGE DE CETTE PROVINCE.

SECONDE PARTIE.

Maniere de cultiver les Pépinieres.

LE plus intéressant & important aux Jardins Fruitiers, ce sont les Pépinieres ; elles forment des endroits menagés avec soin & attention, d'où l'art peut tirer des Arbres du principe même de la végétation.

CETTE partie de travail exige un génie particulier, beaucoup de dextérité de la main & une pratique exercée.

LE génie consiste à sçavoir placer dans une Pépiniere toutes espéces de sujets qui conviennent pour la suite.

L'ADRESSE de la main regarde la maniere de greffer, lever l'Ecusson & le bien placer.

LA pratique concerne la science de réussir sans crainte à élever & gouverner toutes sortes de Plants.

UNE Pépiniere, est une piéce de terre plus ou moins grande, où l'on éleve des Sauvageons & autres sujets de toutes espéces, destinés pour la greffe & à écussonner.

LA terre destinée à placer une Pépiniere doit être bonne, profondément labourée, faute de quoi le Plant languiroit : sa position doit être au grand air, à l'exposition du Levant ou du Midi. Il faut bien se garder de le placer dans un lieu ombrageux, parce que le Plant viendroit trop foible, pour peu qu'il fut privé du Soleil, qui seul donne croissance à toutes Plantes.

Maniere d'élever les Pépinieres de Pepins.

LE principe des Plantes & des Végétaux est la semence, elle est sans contredit la partie essentielle des Pépinieres, puisque par l'art de la Greffe elles renferme en ſoi la multiplication des différentes eſpéces de fruits.

On ſe ſert ordinairement des Pépins de Poires & de Pommes, dont on fait proviſion, & il faut les ſemer vers la fin de Novembre : on dreſſe à cet effet une ou pluſieurs Planches de trois pieds de large, ſur leſquelles on tire au cordeau trois ou quatre petits rayons profonds de deux pouces ſeulement : on y ſeme ces Pépins bien clair, à une pouce les uns des autres, & on les recouvre auſſitôt de terre, afin que la gelée ne puiſſe nuire à ces Pépins nouvellement ſemés. Il eſt néceſſaire de les couvrir de grandes litieres, qui s'ôtent dès que l'Hyver eſt paſſé; & vers la fin d'Avril ſuivant, il faut les ſarcler de toutes mauvaiſes Herbes, les ſoigner exactement, ſurtout les arroſer & les labourer de temps en temps, avec cette attention, on contribuera beaucoup à leur croiſſance.

Maniere d'élever les Pépinieres de Noyaux.

Il eſt d'uſage & de régle de remplir les Pépinieres de quatre eſpéces de Noyaux, Prunes, Ceriſes, Abricots & Amandes.

Il faut s'approviſionner des trois premieres eſpéces. (Je parlerai ci-après de l'Amande,) pour multiplier les ſujets dans les Pépinieres, il eſt néceſſaire de préparer au mois de Novembre quelques Planches dans une situation airée, sur lesquelles on trace des rayons profonds de deux à trois pouces, pour y semer ces Noyaux à un pouce les uns des autres, les couvrir de terre, afin d'éviter que la gelée les pénétre, les placer à l'abri avec de longues litieres, qu'il ne faut ôter qu'après l'Hyver passé.

LORSQUE ces jeunes Plants, soit de Pépins ou de Noyaux ont poussé leur premiere année, il faut au mois de Mars suivant dresser au cordeau des petites tranchées profondes de trois à quatre pouces, sur autant de largeur, observant de mettre la terre d'un seul côté : lever ensuite ces tendres Plants les uns après les autres, prenant les mesures nécessaires pour n'en point endommager les petites racines, dont on doit couper les extrémités ; les poser ensuite dans les petites tranchées, à la distance d'un pied les uns des autres ; quant aux rangées, les espacer de deux pieds, afin d'avoir plus d'aisance à gouverner ces foibles Plants.

Maniere d'élever les Pépinieres de Coignassiers.

CETTE partie de Pépinieres s'éleve de boutures, en choissant sur les forts Coignassiers des branches de la grosseur du doigt, ou de moindre grosseur, longues de douze à quatorze pouces, qu'il faut tailler en forme de pied de Biche, les planter ensuite en droite ligne dans des petites rigolles ou tranchées. On peut se dispenser de pratiquer ces rigolles, pourvû que la terre soit profondément labourée, l'on réussit également.

Il faut prendre ces branches nouvellement taillées, les planter en terre dans des trous faits avec la bêche, de trois ou quatre pouces de profondeur : elles produiront au mieux, pour peu que le terrein soit humide, sans quoi il faut les arroser. C'est vers la fin de Novembre que ce travail doit se faire.

Maniere de gouverner les Pépinieres.

Il seroit inutile de planter, si par la suite on ne se donnoit les peines que les Pépinieres nouvellement plantées exigent ; elles périroient bientôt, en négligeant d'arracher les mauvaises Herbes qui tirent toute la substance de la terre.

Les soins des Pépiniéres s'étendent plus loin : il faut, dans le mois de Mars, après les avoir émondées, donner un petit labour entre les rangées, en observant que plus on approche du jeune Plant, moins les labours doivent être profonds, pour ne pas faire tort aux racines qui sont autant de canaux d'où ces jeunes Plants tirent leurs nourritures. Ces labours doivent se réiterer autant & aussi souvent qu'ils peuvent en avoir besoin, & ne point négliger de retrancher jusqu'à un pied de hauteur les branches basses, à mesure que les jeunes Plantes profitent, c'est une disposition par avance à recevoir l'Ecusson.

Si l'on a dessein d'avoir par la suite des sujets propres à faire des Arbres de tige, il faut retrancher les branches superfluës qui naissent autour du corps, à telle hauteur qu'on le juge nécessaire pour la Greffe.

Les jeunes Plants, s'ils n'ont point été négligés, doivent avoir assez profité pour recevoir la Greffe dans la cinquiéme ou sixiéme année, au lieu que ceux que l'on destine pour l'Ecusson, pourront servir à cet effet dans la troisiéme ou quatriéme année.

Des différens Sujets propres à recevoir la Greffe ou l'Ecusson.

Le Franc ou le Poirier sauvage se plaît à la Greffe comme à l'Ecusson, pour toutes espéces de Poires seulement. Si l'on veut en faire des Arbres Nains, en Espaliers ou en Contre-Espaliers, il faut les écussonner à trois ou quatre pouces de terre; au lieu que si l'on a en vûë d'avoir des Arbres de tige, en Espaliers ou à plein vent, on doit les greffer en fente à trois ou quatre pieds de hauteur.

Le Poirier greffé ou écussonné sur le Franc demande un fond de terre séche & légere, pour produire plutôt son fruit; il en sera plus sec, plus sucré, que s'il étoit planté dans un terrein humide: l'expérience apprend de ne planter aucuns Poiriers greffés sur Franc dans un terrein aquatique, parce qu'ils produisent si abondamment de faux bois, qu'ils épuiseroient la science d'un habile Jardinier qui voudroit les traiter selon les régles de la taille.

Le Coignassier ne doit point être Greffé, parce que la fente fait une playe longue à se recouvrir, il se plaît beaucoup mieux à l'Ecusson, l'incision qu'on y fait ne lui cause aucun mal, s'il vient à manquer le pied n'est point perdu, comme il arriveroit par la fente, & l'on peut recommencer à l'écussonner l'année suivante.

Toutes les espéces de fruits écussonnés sur Coignassiers exigent un fond humide; il est bien constant que le fruit n'aura pas le goût si relevé que s'il étoit planté dans un terrein sec & léger, mais l'Arbre en durera plus long temps, produira plus de bois, & le fruit en sera plus gros.

Lorsque l'on veut avoir des Cerisiers en Espaliers ou en Contre-Espaliers, ils doivent être écussonnés sur des sujets provenans des Noyaux & dont l'écorce soit noirâtre ou rousseâtre, parce qu'étant de cette espéce ce sont des sujets propres à ne point s'emporter avec vigueur dans des fonds aquatiques, la séve n'agit point en eux avec autant de force que s'ils étoient écussonnés sur Mérisiers. Si l'on a en vûë d'avoir des Cerisiers à plein vent, il faut se servir des Mérisiers, espéce de Cerisier sauvage qui croît dans les bois, ayant l'écorce unie, blancheâtre, d'un vert luisant; on le greffe en fente à telle hauteur qu'on veut, dès qu'ils ont atteint trois ou quatre pouces de circonférence.

LES Mérisiers greffés ou écussonnés en vûë d'en faire des Arbres Nains, doivent être plantés dans un terrein sec & léger, ils produiront de beaux fruits & les Arbres dureront plus long-temps, au lieu que s'ils étoient plantés dans un fonds argilleux, humide, ils feroient tant de bois qu'il seroit presqu'impossible de les contenir dans les régles qu'exige un Espalier.

De la maniere de multiplier & de planter la Vigne.

LA Vigne se multiplie de ses branches ou Sarmens provenûs de la premiere ou seconde année précédente. On choisit à cet effet celles qui sortent directement du pied ou de la Souche: on les couche au mois de Mars dans des petites fosses profondes de six ou huit pouces, ensorte que la partie enterrée doit prendre racine, & celle en dehors doit produire des branches, c'est ce qui s'appelle du jeune Plant de Vigne enraciné pour l'année suivante.

LA Vigne se multiplie aussi des branches ou

Sarmens qu'on fait paſſer par le fond d'un pannier rempli d'une bonne terre légere, en faiſant auparavant ſur cette branche des inciſions aux endroits où l'on veut qu'elle prenne racine, & pour la prendre infailliblement, il ne faut point négliger de l'arroſer dans les grandes ſéchereſſes. Au mois de Novembre ſuivant on la dépanache, on coupe la branche audeſſous du pannier, pour la planter enſuite à l'endroit deſtiné.

La Vigne ſe multiplie encore de bouture avec des nouveaux bourgeons coupés ſur les Seps, qui ſe taillent en forme de pied de Biche; les bourgeons doivent être de douze à quinze pouces de longueur, on y laiſſe trois ou quatre yeux; il ſe plantent enſuite dans une terre profondément labourée, il ne faut point négliger de les arroſer dans les chaleurs de l'Eté, pour qu'ils produiſent de bonnes racines; l'expérience a apprit que deux années ſuffiſſent pour les avoir propres à planter.

La plantation de la jeune Vigne doit être faite en Mars: on fait alors des trous profonds d'un pied, obſervant de tenir la Vigne un peu courbée lorſqu'elle eſt placée le long d'une muraille ou deſtinée à former une haye: on répand enſuite du fumier ſur le pied pour le nourrir & empêcher que l'ardeur du Soleil n'enleve le ſuc de la terre. Les terreins où l'on plante la Vigne exigent autant d'attention que ceux des Plantis d'Arbres, il faut leur donner les engrais conformes à leurs tempéramens, & ne pas négliger les petits labours de temps en temps, pour tenir la terre meuble & humide ; c'eſt le vrai & le plus sûr moyen pour contribuer à la végétation de la Vigne & à la deſtruction des mauvaiſes Herbes.

Singularité de la Greffe.

L'INVENTION de la Greffe dans le Jardinage eſt d'un uſage admirable & ſingulier ; rien de plus ingénieux, de plus utile & de plus agréable. Par la greffe on a découvert le moyen de faire changer de nature aux ſujets ſauvages, & de multiplier le bon fruit.

SANS la Greffe & l'Ecuſſon les Jardins fruitiers ſeroient peu de choſe ; on ſeroit réduit à ſe contenter des fruits tels que le Climat & la nature auroient pû produire, tant de bonne que de mauvaiſe qualité, par conſéquent privé d'une infinité de douceur pour la vie. C'eſt à la Greffe ſeule que l'on eſt redevable des fruits excellens dont on jouit, elle eſt en quelque ſorte le triomphe de l'art ſur la nature.

PAR ſon invention on a trouvé le ſecret de faire changer d'eſpéce & de forme à un Arbre au gré du Jardinier, qui a le talent de lui faire adopter un fruit qui lui eſt pour ainſi dire étranger, & le force même de le nourrir de ſa propre ſubſtance.

TEL eſt le jeu de l'art qui ſemble ſe rire de la nature même & la force à donner des fruits nouveaux, dont l'excellence eſt au choix des talens de l'Artiſte.

La nature n'a rien fait en vain ; en produiſant différentes eſpéces de fruits, elle a inſpiré non-ſeulement le ſoin de cultiver ceux du Climat ; mais encore l'art de les multiplier en y joignant ceux des Pays étrangers. Cette utile & prodigieuſe abondance eſt une des plus eſſentielles obligations que l'homme lui doit ; l'on doit avoüer qu'il manqueroit bien des choſes à la ſubſiſtance & aux charmes de la vie, ſi l'on étoit privé de la production du Jardinage, qui procure la variété & le goût d'excellens fruits, tant du Pays natal, que de ceux des Pays étrangers, que par le moyen de la Greffe, le talent du Jardinier a ſçu naturaliſer.

Quel charme pour le Sage de reſpirer un air pur dans une Campagne brillante, où il trouve dans l'art de greffer, d'écuſſonner & de cultiver ſes Arbres, la plus agréable récréation & le plus tranquille amuſement d'un honnête homme !

Des différentes Greffes.

En terme de Jardinage, greffer, eſt couper la tête ou les branches à un Arbre, pour lui procurer une tête nouvelle ou de nouveaux bras, l'on peut réduire à trois claſſes différentes la maniere de greffer, il eſt inutile d'en admettre davantage.

Il y a donc trois ſortes de Greffes à pratiquer pour les Arbres fruitiers : la premiere eſt la Greffe en fente, la ſeconde la Greffe en couronne, la troiſiéme eſt l'Ecuſſon à l'œil dormant.

La Greffe en fente ne convient qu'à de ſujets de la groſſeur de trois pouces de circonférence, à l'endroit même où l'on veut poſer la Greffe.

La Greffe en couronne ſe pratique ſur des fortes tiges, ou ſur des groſſes branches étronçonnées des vieux Arbres qui pouſſent encore avec vigueur, ſoit que le fruit déplaiſe ou que l'eſpéce n'en ſoit pas bonne.

L'Ecusson à l'œil dormant s'applique ſur toutes eſpéces de ſujets, tant à Pépins qu'à Noyaux : dès que l'on a deſſein d'en faire des Nains Arbres, il faut ſeulement que les Sauvageons ayent un doigt de groſſeur.

Lorsqu'il s'agit de choiſir des rameaux propres à ſervir de Greffes, il faut toujours prendre les plus voiſins de ceux chargés de meres à fruits, parce que c'eſt une marque évidente d'une fécondité future : l'intelligence du Jardinier & ſon expérience a dû lui faire connoître le bois qu'il doit à cet effet mettre en uſage.

Le temps de cueillir les Greffes partage les eſprits. La Lune, ſuivant l'expérience que j'en ai, n'eſt qu'une pure illuſion dans tout ce qui regarde le Jardinage. J'ai cueilli, taillé, greffé, écuſſonné, ſemé & planté, ſans avoir égard en quel quartier la Lune ſe trouvoit, je n'ai pas moins réussi ; cependant c'est une erreur dont la plûpart des Jardiniers se laissent prévenir, comme si la Lune déterminoit la séve, influoit sur les Plantes, & agissoit sur les actions mêmes de la nature : ce n'est point le prétendu contre-temps de cet Astre qui est à craindre, c'est plutôt de travailler contre les régles du Jardinage.

AINSI, sans avoir aucun égard, ni considérer avec attention scrupuleuse, qui semble tenir de la superstition, en quel quartier la Lune se trouve, soit en croissant, dans son plein ou sur son déclin, le temps de cueillir les Greffes est le mois de Février, & pourvû que l'on ait soin de les mettre en terre pour les trouver fraîches lorsque l'on veut s'en servir, j'estime, par l'expérience que j'en ai, qu'elles réussiront.

De la maniere & du temps de greffer en fente.

C'EST ordinairement vers la fin de Février qu'on doit greffer les fruits à Noyaux, tels que les Pruniers & Cerisiers : quant aux fruits à Pépins, Poiriers & Pommiers, on doit en retarder la Greffe jusqu'au commencement d'Avril.

CE travail doit se faire par un temps sec, parce que les pluyes trop fréquentes empêcheroient la Greffe de s'attacher au bois & le sujet de faire le Calus. Les outils propres pour greffer en fente, ſont une ſcie, une ſerpette, un maillet & un petit coin de bois qui ſoit bien dur.

ON commence par tailler la Greffe en l'inciſant des deux côtés en forme de coin, long d'un pouce; en obſervant de laiſſer toujours l'écorce qui borde le coin ſur le côté, & que le côté qui doit reſter en dehors, ſoit plus large que celui qui doit être en dedans; de ſorte qu'il faut que la Greffe qu'on taille ait la forme & la figure d'une lame de couteau. On donne ordinairement trois ou quatre pouces de longueur à une Greffe, ſur laquelle il doit ſe trouver autant d'yeux, pour pouſſer autant de branches.

AVANT de préparer le ſujet à recevoir la Greffe, il faut examiner s'il eſt aſſez fort pour en placer une ou deux : s'il n'eſt propre que pour une, il faut le tailler moitié en pied de biche & moitié plat, afin que la Greffe y ſoit placée à ſon aiſe : au lieu que ſi ce même ſujet eſt capable de porter deux Greffes, pour lors on met la ſcie en uſage pour le ſcier horizontallement en prenant les meſures néceſſaires pour ne point éclater l'écorce, & dès que l'on a ſcié ainſi la tête du ſujet, on prend la ſerpette avec laquelle on retaille l'endroit où la ſcie a paſſé pour la plus grande propreté.

L'OPERATION de la fente ſe fait de cette maniere ci. On poſe la ſerpette en forme de croix ſur le tronc de l'Arbre, un peu à côté de la moëlle, enſuite on ſe ſert du maillet pour la faire entrer en frappant doucement dessus, ce qui ouvre la fente & la met en état de recevoir la Greffe; on insére ensuite la Greffe dans cette fente, de maniere que le dehors des écorces, tant du sujet que des Greffes viennent unies & à fleur l'un de l'autre, de sorte que la séve venant à monter du pied, trouve la facilité de se saisir de la Greffe, en s'insinuant entre le bois & l'écorce.

TOUT Jardinier bien sensé doit avoir attention de ne point laisser de vuide entre la Greffe & les côtés de la fente: il faut nécessairement que cette fente soit entierement remplie, faute de quoi la reprise est douteuse. Cela fait, on se sert d'écorces d'Arbres, de Saulx ou autres choses semblables qu'on ajuste proprement sur les deux côtés de la fente & entre les Greffes, qu'il faut avoir soin de bien serrer avec un ozier, ensuite on emmaillote le sujet nouvellement greffé avec une terre argilleuse, mêlée avec du foin ou des étouppes, dont on fait des espéces de poupées, ce qui l'a fait nommer Greffe en poupées, à cause de sa ressemblance aux poupées des enfans.

CETTE façon d'appliquer ces sortes de poupées sur le tronc des Arbres nouvellement greffés, est pour tenir la Greffe dans une humidité tempérée, ce qui aide à la reprise & qui la garantit des injures des temps contraires.

De la maniere & du temps de greffer en couronne.

LA Greffe en couronne ne convient qu'à des gros ſujets auxquels on étronçonne la tête ou les bras ; cette opération ſe fait vers la fin d'Avril, lorſque la ſéve commence à s'émouvoir, alors l'écorce ſe détache plus aiſémen de ſon bois.

QUANT aux Arbres deſtinés à greffer en couronne, il faut remarquer s'ils pouſſent encore avec vigueur, & ſi l'eſpéce de fruit qu'il porte ne vaut rien ou s'il déplaît, obſervant que plus un arbre que l'on greffe en couronne a de force & de vigueur, plus les Greffes dont on doit ſe ſervir doivent être fortes, par la raiſon que la réuſſite en eſt plus certaine que ſi elles ſe trouvoient trop foibles.

CETTE obſervation faite, & le ſujet choiſi, on commence par lui ſcier la tête ou les branches, en prenant bien garde de ne pas éclater l'écorce, afin de n'être point obligé d'y faire paſſer la ſcie une ſeconde fois.

LES Greffes qu'on met en uſage pour la couronne ne doivent être taillées que d'un ſeul côté, il faut que le haut de cette entaille ſoit inciſée très-proche de la moëlle de la Greffe, pour ſe terminer preſqu'à rien par le bas, ce qui

qui donne plus de facilité à la faire entrer dans l'ouverture où on doit la poser.

Les Greffes ainsi taillées & prêtes à placer surle sujet qui les attend, on se sert d'un petit coin de bois mince à proportion des Greffes, il se pose sur l'extrémité du sujet entre le bois & l'écorce, frappant doucement de la main pour y faire une ouverture juste à la grosseur des Greffes.

Il faut observer que le côté de l'entaille des Greffes doit être posé sur le bois du tronc de l'Arbre, & que l'écorce doit regarder celle du sujet, on peut ranger trois, quatre ou cinq Greffes sur le tronc d'un Arbre, à deux pouces les unes des autres, s'il est assez fort, tel qu'un Arbre de vingt, trente ou quarante ans; ce qui forme dessus cette tête une espéce de couronne, ce qui la fait nommer Greffe en couronne.

Les Greffes ne sont point plutôt posées dans leurs places, qu'on prend des mesures nécessaires pour les bien serrer avec un ozier pour les empêcher de quitter le lieu où elles sont placées, ensuite on met en usage la terre argilleuse mêlée avec du foin ou des étouppes, pour en faire des poupées semblables à la Greffe en fente.

La Greffe en couronne est sans contredit plus facile pour la réussite que celle en fente, elle est moins à craindre pour le dépérissement du sujet, parcequ'elle ne fatigue ni le tronc ni les branches, au lieu que la Greffe en fente exige une incision qui donne une rude secousse à l'Arbre, & qui souvent lui cause une playe trop violente.

De l'Ecusson à l'œil dormant.

L'ECUSSON à l'œil dormant convient à toutes espéces de fruits, soit Pépins, soit Noyaux, excepté les Cerisiers comme sujets à la gomme, à moins que ce ne soit en vûë d'en faire des Arbres Nains, pour mettre en Espaliers.

LE vrai temps d'écussonner est vers la fin de Juin, pour les fruits à Noyaux, tels que l'Abricot, la Pêche, la Prune & la Cerise : à l'égard des fruits à Pépins, qui sont la Poire & la Pomme, il faut attendre jusques vers la mi-Juillet, la séve est alors encore en mouvement autant qu'il le faut.

1°. OBSERVER de ne jamais placer deux Ecussons sur le même sujet vis-à vis l'un de l'autre. Lorsque l'on met deux Ecussons, il faut toujours qu'il y en ait un plus élevé que l'autre.

2°. QUE tout sujet propre à écussonner les fruits à Noyaux doit avoir tout au plus trois ans ; s'il est plus vieux la réussite en sera douteuse, à moins de se servir des branches, encore faut-il qu'elles soient jeunes & tendres, au lieu qu'on peut écussonner tout sujet à Pépins depuis trois jusqu'à six & même huit ans.

POUR bien réussir dans l'Ecusson, il faut choisir de jeunes rameaux produits de l'année, qui ayent des yeux bien nourris, soit pour les fruits à Pépins ou ceux à Noyaux : la connoissance qu'on doit avoir des branches garnies de bons yeux est essentielle.

QUAND on a de bons & beaux sujets prêts à écussonner, il faut remarquer l'endroit le plus propre & le plus uni, pour y faire avec la pointe du Canif ou de la serpette deux incisions en forme de T. Celle d'en haut doit être horisontale, large d'un demi pouce, & celle d'en bas doit être perpendiculaire, longue d'un pouce, en prenant bien garde de ne point, avec la pointe du Canif, toucher le bois sous l'écorce, parce que l'Ecusson ne pourroit s'y attacher.

LA levée de l'Ecusson se fait en prenant un des rameaux récemment cueillis ; on coupe les feuilles jusques près de la queüe seulement, ce qui donne aisance à tenir l'Ecusson entre les doigts ; afin de le placer d'autant mieux dans l'incision faite au Sauvageon ; si ce sont des Pêches ou brugnons qu'on veuille écussonner, il faut que les Ecussons qu'on leve sur les rameaux soient garnis d'yeux doublés ou triplés ; à l'égard de tous les autres espéces de fruits, tant à Pépins qu'à Noyaux, les yeux simples sont bons & réussissent aisément.

POUR réussir à bien lever ces yeux sur les rameaux, il faut se servir de la pointe & du Canif avec lequel on fait trois incisions autour de l'œil, semblable à un triangle, on détache ensuite l'œil de son bois très-aisément avec les doigts.

L'ECUSSON étant levé, il faut qu'il se trouve sous l'œil un petit germe, s'il n'est pas resté attaché sur le bois : c'est dans ce germe que se tient & que réside le siége de la génération, faute de quoi peines perduës. L'Ecusson peut encore se lever d'une autre façon & sans faire d'incision, en le coupant en façon d'une petite piéce de la longueur d'un pouce, l'œil doit se trouver dans le milieu juste de cette piéce. Il s'agit d'ôter le bois qui se trouve aux deux côtés du germe ; ce qui se fait en appuyant l'ongle du pouce droit dessus le germe, & avec la pointe du Canif on tire le bois seulement, pour laisser le germe : cette maniere de lever l'Ecusson est bonne lorsque les rameaux n'ont plus grande séve ; mais la premiere façon est la meilleure, on n'a pas tant de peine, parce que l'Ecusson est plutôt & mieux levé.

L'ECUSSON étant ainsi levé avec le germe, on l'applique aussitôt sur le sujet destiné auquel on fait l'incision d'un T. On prend ses mesures pour l'insérer adroitement : il sera bien posé si l'écorce de l'incision le couvre entierement, à l'exception de l'œil qui jamais ne doit être couvert, ce qui se pratique en commençant par introduire l'Ecusson par la pointe entre l'écorce & le bois du sujet dans l'incision perpendiculaire jusqu'à ce que le dessus de l'œil réponde justement à l'incision horisontale.

L'ECUSSON bien posé on le lie avec du chanvre ou de la tille, racourcissant ensuite l'extrémité des branches du sujet, pour obliger la féve de s'introduire & de se communiquer plutôt à l'Ecusson nouvellement posé.

IL faut observer de toujours écussonner par un temps couvert & tempéré, c'est-à-dire, qu'il ne soit ni trop chaud ni pluvieux, parce que l'ardeur du Soleil desséche l'Ecusson & les pluyes l'empêchent de s'attacher au sujet; pour obvier à l'un & l'autre inconvénient, on garantit l'Ecusson par le moyen d'une feuille d'Arbre ou d'un morceau de papier qu'on lie audessus pour servir d'ombre & de par-à-pluye à l'Ecusson

S'IL arrive que l'Ecusson veuille s'émouvoir avant l'Automne, il faut sur le champ l'empêcher, en le déliant, faut de quoi il poussera de quelques pouces & il périra infailliblement par les froidures: ce dénouëment facilite la féve à passer outre, & non de se communiquer & s'arrêter entierement à l'Ecusson, ce qui le fait avorter.

ENFIN, après toutes les mesures prises on laisse l'Ecusson en cette situation jusqu'au mois de Mars; s'il donne alors des marques évidentes de sa reprise, c'est-à-dire, s'il commence à pousser, on coupe le sujet à un pouce audessus de l'Ecusson; ce long delai qu'on attend pour couper ce sujet, est ce qui a fait donner le nom à cette sorte de Grefle d'Ecusson à l'œil dormant.

Des bonnes qualités que doivent avoir les Arbres Fruitiers.

JE suppose d'abord un Jardin nouvellement dressé, le tout bien distribué, cultivé, ordonné & prêt à planter. Si on n'a pas l'avantage d'avoir des Pépinieres, il faut faire emplette des Arbres proportionnés en nombre & en qualité à ce que ce nouveau Jardin peut contenir : surtout il faut choisir des beaux pieds d'Arbres, bien conditionnés & qui méritent d'être plantés, pour cet effet on tâche d'avoir affaire à des Jardiniers en réputation, habiles & de bonne foi, autrement il y a tout à craindre d'être trompé aux espéces, surtout pour les Pêchers & Brugnons qui se ressemblent tous par l'écorce & par la feuille.

QUANT aux Arbres qui sont déja arrachés, on doit avoir tous les égards marqués ci-dessous sans en excepter aucun.

1°. Voir s'ils ne sont point vieux déplantés.

2°. S'ils n'ont point l'écorce ridée, le bois sec ou mort.

3°. S'il n'y a point de défaut à la Greffe ou à l'Ecusson, & s'ils ont une figure convenable à être plantés aux lieux qui leur sont destinés.

4°. Il faut encore avoir égard aux racines: car quand toutes les conditions ci-dessus se trouveroient, & que l'on appercevroit quelque défaut aux racines, il faut les rejetter comme des Arbres de rebut, nullement propres à être plantés.

Observations sur les différentes expositions.

IL est bien vrai qu'on est charmé d'avoir plusieurs espéces de fruits dans un Jardin pour peu qu'il soit spacieux; mais il est certain aussi que les Arbres ont des génies bien différens les uns des autres, & veulent par conséquent être contraints d'acquérir à leurs fruits la bonté & le coloris qui les distingue, & pour y parvenir il faut leur donner les expositions convenables.

IL est sûr que l'exposition est la seule qui contribue à rendre parfait le fruit, qui de lui-même ne sçauroit acquérir cette bonté.

PERSONNE n'ignore qu'exposition, en terme de Jardinage, signifie l'endroit où le Soleil frappe, soit directement ou obliquement. On en distingue quatre principales, qui sont le Levant, le Midi, le Couchant & le Nord.

LE Levant & le Midi sont très-favorables aux Pêchers, Abricotiers & aux fruits d'Hyver. Ils rendent les fruits colorés, & leur donnent un goût supérieur.

L'AVANTAGE à retirer de l'exposition du Couchant, est qu'on peut y placer des fruits d'Eté & d'Automne, il est bien certain que ces fruits n'auront point une qualité aussi relevée que ceux regardés plus favorablement du Soleil, mais ils en viendront plus gros & propres à manger plus tard en Saison.

QUANT à l'exposition du Nord, elle n'est bonne que pour y placer des Vignes pour le verjus, des Cerisiers, Pruniers, framboisiers, Noisettiers ou Arbrisseaux de verdure.

LES espéces de fruits qui demandent plutôt l'Espalier & le secours de la muraille que d'autres, sont la Virgouleuse, le bon Chrétien d'Hyver, le Colmar, la Mansuëte, le Chasseri & le Saint Germain.

De la maniere d'arracher les Arbres à fruits & du temps de les planter.

QUI plante des Arbres vieux ou jeunes, doit observer de s'y prendre adroitement & doucement : cette sorte d'ouvrage se pratique en faisant des grands trous, afin de ne blesser aucunes parties de leurs racines, parcequ'il est très-nécessaire qu'ils en ayent beaucoup, bien disposées, & surtout de nouvelles, qui soient en quelque façon parfaites : cette observation est des plus essentielles, puisque ces jeunes & tendres racines sont autant de canaux naturels par où les Arbres doivent tirer les nourritures dont ils ont besoin.

AVANT de planter toutes espéces d'Arbres

fruitiers, ſoit Nains, ſoit de tige, que je ſuppoſe avoir été bien choiſis dans les Pépinieres, ou chez les Jardiniers marchands, il faut, 1°. retrancher certains fibres ou filamens qu'on appelle le chevelu; couper & rafraîchir les racines ſuperfluës, celles qu'on juge inutiles, en obſervant de faire ce retranchement juſqu'au bois le plus vif.

2°. De ne laiſſer à ces racines que cinq, ſix ou huit pouces de longueur, & à proportion quand elles ſont foibles.

3°. Obſerver que le mois de Novembre eſt celui où l'on doit planter toutes eſpéces d'Arbres à fruits dans les terreins meubles & légers, ils peuvent commencer pour lors à ſe faire quelques petites racines, ce qui eſt toujours un avantage pour le Printemps ſuivant.

4°. A l'égard des terreins froids, revêches & aquatiques, il vaut mieux attendre à planter dans le mois de Mars, parce que les Arbres ne ſçauroient rien faire avant & durant l'Hyver; ils pourroient au contraire ſe gâter & pourrir.

5°. Il faut toujours choiſir de beaux jours ſecs, ſi faire ſe peut, pour planter les Arbres; les temps pluvieux ſont ici non-ſeulement contraires pour les Jardiniers qui travaillent à la terre, mais auſſi très-préjudiciables aux Arbres qu'on plante, parce que cette terre qui ſe convertit trop aiſément en mortier, n'eſt point propre à ſe gliſſer & s'inſinüer autour des racines pour ne point y laiſſer de vuide.

Lorsque les Arbres sont préparés, & les premiers beaux jours arrivés, il faut pratiquer des fosses pour les planter, chose aisée dans le Jardinage : dès qu'elles sont profondes de deux pieds & larges de trois en quarré, c'est autant qu'il en faut, à moins que ce ne soit pour y planter des Arbres venus ; alors ces fosses doivent être creusées & larges à proportion, selon la prudence & l'intelligence du Jardinier Cultivateur.

Si ce sont des Arbres Nains en Espaliers ou en buissons, il faut les tailler au cinquiéme ou sixiéme œil audessus de la Greffe, en observant de tourner la taille du côté qui regarde la muraille, & disposer ensuite les plus fortes & les meilleures racines du côté des chemins, afin qu'elles trouvent ainsi plus de nourriture.

Il faut planter les Arbres de façon qu'il n'y ait aucun vuide entre la terre & les racines, ce qui se fait en soulevant un peu l'Arbre enterré & pressant ensuite doucement de tous les côtés avec le pied ; si c'est le long d'une muraille qu'on plante, il faut que le pied de l'Arbre en soit éloigné de quatre à cinq pouces ; si ce sont des Arbres de tige, on doit à proportion observer le le même ordre les tenant un peu panchés. A l'égard des Contre-Espaliers ou buissons, on les plante droit, en prenant garde d'enterrer la Greffe, crainte qu'elle ne prenne racine, parce que cela rendroit l'Arbre infructueux & feroit infailliblement avorter toutes les branches, tant à fruits qu'à bois, ſans eſpérance de voir aucuns fruits ſur l'Arbre.

Il faut de plus obſerver lors de la plantation des Arbres de tourner toujours le devant de la Greffe ou de l'Ecuſſon du côté du Midi, afin que l'ardeur du Soleil ne puiſſe altérer ou deſſécher le pied en s'inſinuant par la fente de la Greffe ou par la taille audeſſus de l'Ecuſſon.

Les Arbres ſe plantent ordinairement en ligne droite, à la diſtance de douze pieds les uns des autres, & dans l'intervalle on peut y placer des groſeliers de toute eſpéce ou des Pommiers Nains, ce qui fait un effet charmant juſqu'au temps que les Arbres ſe joignent les uns aux autres.

De la maniere de tranſplanter les gros Arbres.

On peut entreprendre de tranſplanter un Arbre de vingt & trente ans, ſans craindre de le faire mourir.

1°. Il eſt eſſentiel d'avoir grande attention de ne point forcer, offenſer ou bleſſer les racines en les déplantant, parce que la moindre faute qu'on pourroit y faire mettroit l'Arbre en danger de périr.

2°. Pour prévenir tout accident, on fait un cercle dont la circonférence eſt à peu près proportionnée de toutes parts à la longueur des racines de l'Arbre ; on en retire la terre bien doucement avec poids & mesure jusqu'à ce que toutes les racines paroissent.

3°. On déplante l'Arbre avec toute l'adresse possible pour l'emporter dans les lieux qui lui sont destinés : on lui prépare une fosse convenable pour le recevoir & avant de le mettre en terre il faut rafraîchir ses branches & racines & prendre les mêmes mesures pour le planter qu'on en a pris pour le déplanter.

4°. Après les observations faites, on choisit des terres fines pour les jetter & répandre dessus les racines, de façon qu'il ne s'y trouve aucun vuide.

5°. Lorsque les racines sont couvertes d'environ deux à trois pouces de terre, il faut jetter dessus quelques arrosoirs d'eau, pour obliger la terre à s'introduire autour des racines, & d'y porter la matiere qui convient pour lui faire reprendre une nouvelle vigueur au Printemps suivant. L'Arrosement achevé, il faut continuer de mettre des terres jusqu'à ce que les racines soient couvertes de quatre à six pouces ; on ne doit point espérer de voir pousser l'Arbre avec autant de force & de vigueur que s'il n'eût pas été déplanté, il suffit que dans la premiere année il donne des signes de vie, pour espérer l'année suivante des productions semblables à celles de son voisin.

L'Arbre étant planté, il ne faut point négliger de l'arroser dans les grandes sécheresses, mais autant que la nature du terrein où il est planté le demande ; on doit sçavoir au reste qu'une terre légere, exige d'être plus souvent humectée qu'une autre naturellement humide.

Il est constant que plus on travaille dans le Jardinage, plus on fait de nouvelles découvertes. Si quelqu'un autrefois avoit été assez hardi de déplanter & replanter un Arbre de trente ans, il auroit passé pour un Visionnaire ; cependant l'expérience a depuis fait voir que la réussite en est bien certaine, en observant les régles & attentions prescrites ; & l'on doit convenir que l'utilité en est grande, puisque rien n'est plus propre à remplir tout d'un coup les vuides qui peuvent se trouver par la mort d'un Espalier, d'un Contre-Espalier ou d'un Buisson.

De la maniere de gouverner les Arbres nouvellement plantés.

1°. Ne rien refuser aux Arbres nouvellement plantés, tels que les petits labours & les arrosemens de temps en temps ; ne rien semer ou planter autour qu'à la distance de trois pieds, puisque le moindre voisinage d'ombre leur est pernicieux.

2°. Ces jeunes Arbres n'étant pas bien avant en terre & leurs racines commençant seulement à s'étendre sous la superficie de la terre, il faut les préserver des grandes sécheresses & de l'ardeur du Soleil, par le ſecours des grands fumiers de deux à trois pouces d'épaiſſeur, qu'il faut repandre ſur la ſuperficie des foſſes : ce même fumier conſerve le ſuc de la terre, que l'ardeur du Soleil enleveroit, d'ailleurs le peu de ſel qui ſe trouve dans ce fumier, venant à ſe diſſoudre par les pluyes & les arroſemens, forme une humeur propre à hâter la repriſe des Arbres nouvellement plantés & les tient dans une humidité tempérée.

De la ſituation d'un Verger & de la culture des Arbres à plein vent.

IL faut obſerver de choiſir, autant que faire ſe peut, un endroit propre à l'emplacement d'un Verger où l'on veut placer des Arbres à plein vent, dont on tire une abondance de Fruits plus conſidérable, & ſupérieurs à ceux des Arbres Nains.

APRE's avoir obſervé le terrein & l'aſpect du Soleil, il faut examiner ſi le Verger ne cauſera point par la ſuite du déſagrément par ſon ombrage, qui préjudicieroit à toutes les Plantes qui l'avoiſinent.

ON doit ſçavoir que les Arbres à plein vent s'élevent de leurs pieds, & doivent avoir cinq ou ſix pieds de hauteur. Il faut les choiſir bien droits, avec une écorce unie & luiſante, & propres à planter deux ans après avoir été greffés.

Il faut que le terrein deſtiné aux Arbres à plein vent ſoit bon & rempli d'une ſubſtance convenable à leur nourriture : ils ſe plantent dans les Vergers en ligne droite & dans des foſſes quarrées, profondes de deux pieds, ſur quatre de large. Quant à la diſtance les uns des autres, la nature du terrein & ſon étenduë plus ou moins grande doit en décider : s'il eſt d'une grandeur ſpacieuſe, on doit régulierement les placer à vingt pieds les uns des autres, ſurtout les Pommiers & Abricotiers, qui naturellement produiſent beaucoup de bois & étendent leurs branches bien loin ; quant aux Poiriers, Pruniers, Ceriſiers, quinze pieds ſeulement les uns des autres ſuffiſent.

Les diſtances obſervées & les foſſes préparées, il faut, avant de planter les Arbres, rafraîchir une partie de leurs racines & retrancher l'extrémité des branches, n'en laiſſer qu'autant que l'Arbre peut en nourrir : ce retranchement ſe fait ſur celles qui ſont confuſion, & on racourcit les plus fortes à un pied plus ou moins, enſuite on les plante ſelon les régles, & de temps en temps on leur donne des arroſemens au défaut de pluyes.

Les grandes ſéchereſſes altérant l'écorce des Arbres nouvellement plantés, on doit prévenir ce défaut par le ſecours de la paille ou du foin qu'on doit tordre en façon de corde, dont on entoure le corps de l'Arbre, depuis la tête juſqu'au pied, ce qui le conſerve, le garantit de l'ardeur du Soleil, & en même temps de la mousse.

LE corps de l'Arbre ainsi ajusté, on plante un picquet au pied, à peu près de la hauteur de l'Arbre, pour le mettre à l'abri des secousses des grands vents : il faut que le picquet soit bien droit, uni & enterré de deux pieds, on le lie ensuite contre l'Arbre, en insérant entre deux un bouchon de paille, afin que dans l'agitation des vents, l'Arbre ne soit point offensé.

SI l'on veut avoir de beaux Arbres à plein vent, il faut se donner le soin de leur faire acquérir de belles têtes, en retranchant toutes les branches venuës dans des situations contraires à leur figure, parce que le trop de branches sur la tête d'un Arbre fait une confusion absolument nuisible ; on évite aussi par ce moyen que le fruit ne devienne insipide : il acquiert plus de goût, de coloris & de qualité, que lorsqu'il est offusqué par des amas confus de branches, qui l'empêche de jouir des ardeurs du Soleil, & de parvenir au degré de bonté qu'il doit avoir.

De

De la dissertation sur la taille des Arbres, & du temps auquel on doit la faire.

RIEN de plus important, de plus embarrassant & de plus interressant que la taille des Arbres. C'est d'elle que dépend l'ornement & l'utilité d'un Jardin : il y a peu de régles & de principes à donner sur cette matiere, & qui veut la bien pratiquer, doit se conduire plus de la tête, qu'agir de la main, l'explication n'en est pas aisée, elle ne peut consister dans des régles particulieres ou certaines, puisqu'elle change selon le génie & la nature de chaque Arbre, ensorte que le Cultivateur doit travailler de jugement suivant la pratique & l'expérience qui lui fait faire des découvertes. On peut donc avancer en général que la taille des Arbres dépend absolument de la prudence & du génie du Jardinier ; l'usage bien plus que les régles lui fera discerner les bonnes branches qu'il doit laisser & les mauvaises à retrancher.

PLUSIEURS objets engagent à la taille des Arbres. 1°. Pour les dresser & leur rendre une figure agréable. 2°. Pour les faire fructifier. 3°. Pour l'utilité & le profit qu'on en retire. 4°. Enfin, pour les conserver plus long-temps.

LE succès de la taille consiste à retrancher à propos d'un Arbre les branches inutiles, soit uſées par l'abondance des fruits qu'elles ont porté, les meres à fruits ou les bources trop allongées, ou celles auxquelles on ne remarque aucune bonne qualité.

A l'égard des branches à conſerver, il convient de les tailler à une longueur proportionnée à la force & à la vigueur de l'Arbre, enſorte qu'il faut que chaque branche taillée produiſe à ſon extrémité d'autres branches pour la figure & pour le fruit.

AVANT d'aller plus avant ſur ce qui regarde la taille des Arbres, il convient de ſçavoir dans quel temps cette opération doit ſe faire. Auſſitôt que les feuilles ſont tombées, on peut hardiment tailler Poiriers, Pommiers & Pruniers: la plûpart des Jardiniers qui ont encore dans ce temps d'autres ouvrages plus preſſans, différent mal à propos ce travail juſqu'aux mois de Février ou de Mars: ſi cependant on a des Arbres foibles ou languiſſans, il eſt à propos de les tailler dans le courant de Novembre & Décembre: quoique la ſéve paroiſſe alors être dans un profond aſſoupiſſement, elle n'eſt pas moins dans l'agitation & uniquement occupée à nourrir le bois qui reſte. Il ſemble que ces Arbres ſont dans l'inaction pendant le cours de l'Hyver, ne donnant aucun ſigne de vie, mais ils ne tirent pas moins leurs nourritures du ſuc de la terre, la Saiſon & les gelées ont coutume de figer ce ſuc nourricier & de reſerrer les pores des Arbres; ainſi on ne doit point être ſurpris, ſi, privés alors de ce qui les anime & les fait vivre, ils ne ſont appercevoir viſiblement aucunes fonctions végétatives.

La taille des Arbres doit être regardée comme une eſpéce de reméde, ſurtout à l'égard de ceux languiſſans. Tailler un Arbre, c'eſt ſe ſervir des régles & des principes pratiqués avec ſoin pour lui apporter du reméde, s'il eſt malade, pour le ranimer, lui donner plus de vigueur, le rendre d'une figure agréable, ménager même la forme qu'on veut qu'il prenne, le faire durer plus long-temps, enfin le rendre fertile en beaux & bons fruits.

Si un Arbre n'étoit point taillé & qu'on lui laiſſât ſes branches ſuperfluëes, elles épuiſeroient infailliblement toute ſa force & l'Arbre en dureroit moins : l'uſage nous apprend qu'un Arbre taillé réguliérement tous les ans, produit toujours & plus, & de plus beaux fruits ; la raiſon en eſt ſenſible, la ſéve n'occupant plus ces branches inutiles & retranchées, le fruit profite davantage, il devient plus gros & plus beau, parce qu'il eſt mieux nourri.

On doit toujours, avant de commencer à tailler un Arbre, en examiner la force, la vigueur & l'effet de la taille précédente, afin d'en corriger les défauts & en connoître l'eſpéce, parce qu'il y a des Arbres qu'on doit tailler différemment les uns des autres. Un Arbre vigoureux ſe taille tout autrement qu'un foible & languiſſant : on ne ſçauroit même lui laiſſer trop de branches, pourvû qu'elles soient bien placées & bien conduites, la trop grande abondance de séve, se disperse, s'épuise & s'occupe à nourrir toutes les parties de l'Arbre.

QUAND un Arbre est vigoureux d'un côté & foible, languissant & mal garni de l'autre, il faut alors retrancher les fortes branches du côté vigoureux à leur origine, si cette opération ne défigure point l'Arbre, ce qui oblige la séve de se produire du côté le plus foible.

SI dans certains Arbres la nature semble avoir abandonné les branches par leurs extrémités, & qu'il en soit venu de jeunes dans le bas ou dans le milieu, sur lesquelles on puisse établir une bonne taille à l'ordinaire, l'Arbre se rétablit & va son train, s'il a encore force & vigueur.

LORSQU'ON veut tailler un Arbre, on doit connoître la différence du bon bois d'avec le mauvais, cette science fait un point essentiel & donne souvent à penser à un Jardinier, ou à qui, faute d'intelligence, veut se mêler de tailler un Arbre, il est certain que sans cette connoissance on ne sçauroit réussir. Voici cependant des marques évidentes pour apprendre à connoître & à distinguer cinq sortes de branches sur les Arbres fruitiers: ces branches se nomment, 1°. Branches à bois. 2° Branches à Fruits. 3°. Branches gourmandes. 4°. Branches de faux bois. 5°. Branches chiffonnes.

Des Branches à bois.

LEs branches à bois font celles dont on doit se servir pour donner la forme & la figure à un Arbre, tant pour l'Espalier, que Contre-Espaliers & Buisson : telles branches ont les yeux gros, près les uns des autres ; on les taille avec attention, selon la force & la vigueur de l'Arbre, depuis trois jusqu'à six pouces de longueur s'il le faut.

ON appelle yeux, en terme de Jardinage, des petits nœuds pointus qu'on voit dessus & tout le long des jeunes branches ; ces yeux renferment les feuilles & les branches qui en doivent sortir au Printemps.

SI on a égard à ces branches pour la figure qu'on veut donner à un Arbre, on doit aussi considérer si celles dont on espére dans la suite, sont placées avantageusement : on laisse ces branches plus ou moins longues, autant que l'Arbre le demande ; mais quand elles naissent dans une place qui fait confusion & qui choque la vûë, on doit les retrancher près de leur origine à l'épaisseur d'un écu : quant à celles sur le devant, ou qui proviennent sur le derriere d'un Arbre, il faut les retrancher pour éviter la confusion, à l'épaisseur d'un écu, comme on l'a dit, pour qu'elles jettent deux courtes branches à Fruits.

IL faut, autant qu'il se peut, éviter les vuides, & pour les prévenir à la taille d'un Arbre, soit Espalier ou Buisson, faire toujours attention que le dernier des yeux sur lesquels on taille, regarde le vuide afin de le remplir, sans quoi ce seroit un grand défaut.

Des Branches à Fruits.

LA culture & la taille des Arbres se faisant en vûë d'avoir de beaux & bons Fruits, qui sont les objets du travail & des soins, on doit sçavoir que toutes les branches à Fruits qui se trouvent dessus un Arbre sont plus courtes & moins grosses que celles à bois, qu'elles ont les yeux gros & très près les uns des autres, qu'il convient de les laisser toutes entieres, pourvû qu'elles soient venuës dans une bonne situation, en observant de racourcir l'extrémité de celles qui semblent être trop fortes & trop longues pour porter leurs Fruits.

IL y a encore d'autres branches de médiocre grosseur, courtes, qu'on appelle branches d'espérance : comme elles renferment en elles de grands avantages, il faut agir à leur égard, de même qu'aux branches à fruits, puisqu'elles marquent une fécondité future.

Des Branches gourmandes.

ON voit ſur certains Arbres croître des branches avec force & vigueur, qui forment de long jets, très-droits & gros comme le doigt; ces mêmes jets ont toujours l'écorce unie & luiſante depuis le bas juſqu'en haut: les yeux ſont plats & fort éloignés les uns des autres; ces branches ſe nomment gourmandes, elles épuiſeront, ſi l'on n'a ſoin de les couper, la meilleure partie de l'Arbre, en prenant une trop grande portion de ſéve; ainſi il faut les retrancher dans quelqu'endroit qu'elles puiſſent être, à moins qu'on ne les laiſſe exprès, pour épuiſer une partie de la force d'un Arbre qui s'emporte avec excès; mais dans l'intention de les rabattre après que l'Arbre aura aſſez agi & que ſa fougue ſera paſſée.

LORSQU'ON taille un Arbre de cette eſpéce, on doit examiner ſi ces branches gourmandes ne ſont point propres à remplir quelques vuides ou à donner à l'Arbre une nouvelle figure: en ce cas on doit les laiſſer & leur donner, s'il le faut, une taille de huit ou dix pouces de longueur, quand le ſuc nourricier agira, il ſe portera dans toutes les parties diſpoſées à produire de quoi remplir les vuides. S'il arrive que ces mêmes branches gourmandes en produiſent d'autres avec la même force, la même abondance de ſéve, ou qu'elles ayent des diſpoſitions à devenir de même nature, il faut les pincer à leurs extrémités de temps à autre au commencement de Mai & Juin ; ce pincement fait à propos, en retarde la séve & l'oblige à se porter dans les plus foibles parties de l'Arbre.

Des Branches de faux bois & des Branches chiffonnes.

LEs branches de faux bois naissent ordinairement dessus les bonnes branches à bois, elles sont plus grosses & plus longues que celles immédiatement audessous, telles branches ont les yeux plats, éloignés les uns des autres, à peine sont-ils formés qu'ils ne promettent rien de bon pour l'avenir : il faut absolument retrancher toutes ces branches, à moins qu'elles ne soient nécessaires pour remplir aussi quelques vuides & qu'elles soient placées avantageusement.

Les branches chiffonnes viennent d'assez bonne longueur, mais très-menuës, fines & délicates : elles naissent en grand nombre & en confusion, ensorte qu'elles ne sont ni propres à devenir branches à bois, ni à donner leurs Fruits, ni enfin à produire la moindre chose avantageuse, il faut donc les couper toutes sans exception.

De la maniere de traiter les Arbres languiſſans.

LA cauſe des Arbres languiſſans & durs provient communément de ce qu'ils ſont plantés dans un fonds de terre contraire à leur tempérammment, que le fonds eſt trop ſec ou trop humide : lorſque cela eſt ainſi, il faut déchauſſer l'Arbre, aller aux racines, les viſiter & voir s'il n'y en a point de pourries ou gatées, en ce cas on doit les couper juſqu'au vif. Si au contraire on ne voit ni pourriture ni altération, cette langueur peut provenir d'une terre épuiſée de ſubſtance, qui manque de force & de nourriture : alors il faut changer cette terre & en préparer d'autre mélangée avec du fumier bien pourri, mêlée avec un peu de fumier prohibé, c'eſt-à-dire des excrémens humains, & épancher ce fumier mêlé ſur les racines. Ce dernier expédient a une vertu ſinguliere pour rétablir un Arbre pour peu qu'il ait de force, quelque vieux qu'il ſoit : on le rabaiſſe enſuite en taillant deſſus le vieux bois, afin de lui faire pouſſer des branches nouvelles.

C'EST-là tout le reméde à apporter à un Arbre languiſſant : ſi on ne peut y réuſſir, il faut l'arracher & en planter un autre à ſa place.

De la maniere de traiter les Arbres qui produiſent trop de bois & point de Fruits.

COMBIEN d'Arbres n'a-t-on pas vu s'emporter en bois ſans donner un ſeul Fruit? C'eſt un défaut qui donne à penſer & à exercer un Jardinier. En pareilles conjectures il faut y donner reméde par le ſecours d'une taille de douze à quinze pouces de longueur ſur les branches venuës l'année précédente, c'eſt le meilleur parti à prendre pour occuper cette abondance de ſéve, empêcher qu'un Arbre ne jette ou ne s'emporte en bois & pour l'obliger de ſe porter à Fruit.

MALGRE' toutes les meſures que l'on puiſſe prendre pour épuiſer cette ſéve, il ſe trouve encore quelques-uns de ces Arbres ſi opiniâtres, revêches ou vigoureux, qu'ils vont leur train ordinaire, ſans vouloir changer de nature, & qu'on ne peut réduire par le ſecours de la taille: il faut pour lors avoir recours à la cauſe commune, déchauſſer toutes les racines de l'Arbre, en retrancher quelques-unes des plus fortes & ſurtout de celles qui fourniſſent le plus de ſéve, autant que la prudence d'un Jardinier lui permet de faire; mais avant d'opérer, on doit examiner l'Arbre pour juger de la réuſſite, voir ſi le bois eſt bon, joint à une écorce unie, verte & luiſante : lorſque toutes ces qualités ſe trouvent, on peut, ſans crainte, riſquer l'opération, ce reméde eſt infaillible pour toutes eſpéces d'Arbres, qui dans la ſuite, produiſent comme les autres.

De la maniere & du temps de tailler les Pêchers.

IL faut à préſent paſſer aux Fruits à noyaux & commencer par le Pêcher, qui demande l'Eſpalier. Pour réuſſir dans cette taille, il faut ſçavoir que les Pêchers ne portent leurs Fruits que deſſus le nouveau bois ; ce nouveau bois doit toujours être bien nourri, garni de boutons à Fruits, qui pour l'ordinaire ſont doubles & même triples ; ce ſont les vrayes branches ſur leſquelles le Fruit réuſſit toujours, à moins qu'il n'arrive des temps contraires pendant le temps qu'ils fleuriſſent.

QUANT aux branches à bois, on y voit des yeux poſés de diſtance en diſtance pour produire d'autres branches à bois ; telles branches doivent être taillées depuis le quatriéme juſqu'au ſixiéme œil & plus, s'il le faut, ayant égard à la force & la vigueur de l'Arbre: cette taille des branches à bois doit être à quatre ou ſix yeux pour le faire monter plus promptement & produire d'autres branches tant à bois qu'à

Fruits, pour l'année ſuivante, ce qui aide à fortifier l'Arbre & à gagner terrein.

LA conduite à tenir pour les Pêchers qui s'emportent en bois, eſt de leur donner une taille plus longue, afin d'en occuper & modérer la vigueur & les diſpoſer ainſi à ſe mettre à Fruits: quant à ceux qui ne pouſſent qu'avec modération, on les taille à proportion de la force de l'Arbre, & ſurtout le bas & le milieu, qui doivent néceſſairement être taillés de court, afin d'y trouver des reſſources propres & utiles à fournir de tous les côtés.

TOUT le principe & le fondement d'un jeune Arbre, ne doit rouler que deſſus trois ou quatre branches égales en force & en vigueur; elles doivent être dans la ſuite les meres nourricieres de toutes les autres. Il faut veiller avec attention ſur ces branches, les conduire, eſpacer également & leur laiſſer une longueur proportionnée à la force de l'Arbre.

L'INCLINATION du Pêcher eſt de s'élever pour ſe garnir; il faut y veiller en tenant le bas des Arbres bien garni, afin de trouver de quoi remplacer les hautes branches, ſi la nature vient à les abandonner.

LES Pêchers Nains ne peuvent ſe conſerver long-temps qu'en les bornant à cinq ou ſix pieds de hauteur tout au plus, parce qu'ils ont le défaut de ſe dégarnir, à moins que ces Pêchers ne ſoient écuſſonnés ſur Amandiers, ce qui les fait durer plus long-temps que ſur Sauvageons.

le fruit en devient plus beau & mieux nourri & de meilleure qualité, l'Arbre garnit davantage, parce qu'il a plus de vigueur.

IL eſt même à propos de planter des Amandes nouvelles vers la fin de Novembre dans des pots ou des caiſſes remplis de terreau, pour les porter enſuite dans la ſerre ou dans quelque lieu tempéré, les faire germer & pouſſer un peu pendant l'Hyver: au mois d'Avril on prend ces jeunes Amandiers dans les pots ou caiſſes, pour les planter dans des petites foſſes remplies de terreau le long des murailles à la diſtance de dix pieds les uns des autres & les écuſſonner en place à l'œil dormant l'année ſuivante dans le mois d'Août.

Le Pêcher écuſſonné ſur Amandier veut être planté dans un terrein leger, parce qu'un fonds naturellement humide lui feroit produire du bois avec trop de vigueur, & que de plus la gomme le gagneroit de tout côté.

LE temps de la taille du Pêcher eſt au commencement d'Avril; on peut connoître alors les branches qui doivent porter leurs Fleurs; il eſt aiſé de les diſcerner pour en ménager, retrancher, & conſerver celles, tant pour le bois que pour le fruit.

A l'égard des boutons à Fruits, il ne faut conſerver que ceux doublés, accompagnés d'un œil à bois dans le milieu; de ceux qui ſe trouvent ſeuls, quoiqu'accompagnés d'un œil à bois le bouton fleurit, mais il ne nouë point. Ainſi il ne faut jamais se laisser tenter par une trop longue taille pour avoir quelques Fruits, qui ne produit que de la confusion & la ruine d'un Arbre.

LOSQU'UN Pêcher est chargé de branches à Fruits & qu'il en a très-peu à bois, les dernieres doivent être taillées de court, afin de voir l'Arbre rétabli l'année suivante, parce que la grande quantité de branches qu'il peut produire ne sçauroit nuire. Il ne faut garder précisément dans la taille que les meilleures & les mieux nourries.

SI par hazard il venoit à sortir du pied d'un vieil Arbre quelques branches vigoureuses sur lesquelles on puisse établir une taille capable de le renouveller, on doit les traiter dans cette vûe, les conserver comme des branches d'un grand secours & propres à remplacer les vieilles qu'on détruit peu à peu par la suite.

IL se trouve encore sur les Pêchers nombre de branches assez longues, remplies seulement de boutons à fruits, où il ne se trouve à leurs extrémités qu'un œil à bois, il faut les retrancher à leur origine & faire en sorte d'en substituer à la place une autre à bois pour remplir le vuide.

C'EST toujours l'état de l'Arbre qui doit régler la taille des Pêchers, soit jeunes, vieux, languissans ou vigoureux, les branches de l'année précédente indiquent le travail à faire & il faut toujours traiter l'Arbre selon sa force & ses besoins.

LORSQUE l'on taille un Pêcher, il faut bien prendre garde que les branches ne touchent aux cloux lorſqu'on les y attache avec l'ozier, parce que ce ſont preſqu'autant de branches ſur leſquelles la gomme & le chancre ſe jettent & les fait périr.

LA gomme eſt une des premieres maladies qui ſurvient aux Pêchers : dès que l'on s'apperçoit que quelques branches en ſont atteintes, il faut auſſitôt les retailler à un pouce audeſſous de la playe, afin d'empêcher la communication.

LA ſeconde maladie qui arrive dans ce Climat aux Pêchers, eſt l'effet d'un mauvais air, qui fait recocquiller leurs feuilles, les rend hideuſes, épaiſſes, rouges, en forme de clocher, & pour ainſi dire, galleuſes, déſagrables à la vûë & pernicieuſes aux Arbres, puiſqu'elles abſorbent la plus grande partie de leur ſéve.

LORSQUE l'on a des Arbres atteints de ſemblable infection, il faut ôter non-ſeulement les feuilles remplies de Vers-Pucerons, mais encore couper la branche audeſſous du mal ; au moyen de cette taille & de l'agitation de la ſéve, il renaît de nouvelles branches également bonnes pour l'année ſuivante.

LA troiſiéme maladie des Pêchers, eſt lorſque les feuilles deviennent noires, glüantes, remplies d'une eſpéce de ſuye, qui ſe communique d'abord par un brouillard mal ſain, joint à un coup de Soleil, & rend les branches du Pêcher ridées & sans séve: succédent ensuite les Punaises qui ne se nourrissent uniquement que de la séve des branches.

TELLE maladie, arrive ordinairement aux vieux Arbres, dont la plûpart sont chancrés, ou sont presque sans force & vigueur. Le reméde est, de rabaisser l'Arbre le plus bas qu'il se peut, si l'on y découvre quelques dispositions à le rétablir; on doit ensuite laver la muraille teinte de cette espéce de suye noire, ou pour se contenter d'en arrêter le progrès, il ne faut pas hésiter de sacrifier l'Arbre & de le remplacer par un autre.

De la Taille de l'Abricotier.

L'ABRICOTIER se gouverne & se taille de même que le Pêcher, sans autre observation, étant, pour ainsi dire, deux Arbres de même espéce, dont la séve travaille également, avec cette différence cependant qu'on peut couper un Abricotier à tête, & non pas un Pêcher, c'est-à-dire, qu'on peut retrancher & abatre toutes les fortes branches, lorsqu'on les voit trop allongées, usées ou mal conduites, & s'attendre que l'Arbre produira autant & plus de bois, qu'il n'en faut pour le rétablir, s'il a encore force & vigueur.

L'ABRICOTIER se multiplie par le moyen de

de l'Ecusson à l'œil dormant; on fait cette opération vers la fin de Juin sur toutes espéces de sujets à Noyaux, & vers la fin de l'année suivante il est propre à planter.

L'ABRICOTIER se plante aussi à plein vent, lorsqu'il réussit, c'est-à-dire, s'il ne survient pas des temps contraires pendant le temps qu'il est en fleur; le fruit en est admirable, surtout lorsque le Soleil le frappe de tous les côtés, il a toutes les qualités & l'emporte pour le suc & la délicatesse du goût bien audessus de ceux en Espalier.

L'ABRICOTIER est un arbre des plus estimés pour son fruit; on est satisfait de donner ses soins à le cultiver, lorsqu'il réussit; mais pendant combien d'années n'en est-on pas privé souvent, malgré toutes les peines que l'on prend pour faire violence à la nature & tâcher de se la rendre favorable par une culture exacte?

LA rigueur du Climat nous prévient, mais nous devons la prévenir; les gelées, les grêles, les mauvaises influences de la Saison contraire, qui arrivent au temps qu'ils fleurissent, ternissent & font tomber les Fleurs, doivent engager d'aller audevant de ces inconvéniens, les prévoir & y remédier d'avance.

IL faut commencer par planter quelques jeunes Meuriers près d'un Abricotier pour les y greffer en approche dans la seconde ou troisiéme année, & non avant, pour lui donner le temps de faire de bonnes racines; ce temps expiré, on doit les greffer; mais le point essentiel est de bien enter l'Abricotier sur le Meurier, & voici la façon de s'y prendre: on les greffe en approche en fente, ou bien on perce avec un vilbrequin un trou dans le corps du Meurier, un peu à côté de la moëlle, ensuite on fait passer dans ce trou une branche de l'Abricotier, après avoir ôté à cette branche l'écorce des deux côtés à l'endroit juste où la partie doit rester dans le trou: cela fait, on le lie afin qu'il ne s'échappe point, puis on y pose des poupées composées d'argille & de foin bien mêlés l'un avec l'autre: on laisse croître la Greffe jusqu'à ce qu'elle bouche entierement le trou, ce qui ne tardera pas, parce qu'une partie de la séve, tant du Meurier que de l'Abricotier venant à monter, se déroute, s'évacuë dans cette ouverture, se communique insensiblement à la Greffe & la fait grossir.

LORSQU'ON est bien sûr que le trou est entierement rempli & que les deux séves, tant du Meurier que de l'Abricotier, sont jointes l'une à l'autre, on coupe le Meurier un pouce au-dessus de la Greffe, puis on retranche la branche de l'Abricotier, qui par la suite ne doit tirer sa nourriture que du Meurier.

LA séve du Meurier ne commençant à agir que vers la mi-Mai, l'Hyver est alors passé, les beaux jours succédent, l'Arbre fleurit, le Fruit nouë, tout profite, rien à craindre des mauvaiſes influences du temps, & l'on a l'agrément d'avoir tous les ans des Abricots huit ou quinze jours après les autres.

De la taille des Pruniers & des Ceriſiers.

LEs Pruniers & les Ceriſiers, quand à la taille, ſe cultivent & ſe gouvernent les uns comme les autres; ils ſont, pour ainſi dire, deux eſpéces d'Arbres dans leſquels la ſéve agit également: cette taille doit ſe faire longue, pour qu'elle ne produiſe pas trop de bois & peu de Fruits, ſurtout à l'égard de ceux en Buiſſons, qui ſont ſujets à la taille; s'ils ſont en Eſpalier le long d'une muraille, on ſe contente d'ôter ſeulement à ſon origine le bois ſuperflu. Il faut retrancher les branches mal ſituées ſur le derriere & ſur le devant, ménager & attacher celles bien placées, pour la figure de l'Arbre, & laiſſer aller en liberté pour le Fruit, celles qui ne choquent point trop la vûë.

LORSQU'ON a un Jardin ſpacieux & que l'on veut avoir des Prunes & des Ceriſes en abondance il ne faut point les planter en Eſpalier ou en buiſſon, mais des Arbres de tige à plein vent, qui produiſent toujours beaucoup plus de Fruits, lorſqu'ils ſont plantés dans un terrein bon, rempli de ſubſtance, ni trop humide, ni trop leger.

A l'égard des Pruniers de tige à plein vent ; il faut les greffer en fente sur Sauvageons à Noyaux, & les Cerisiers sur Mérisiers.

De la Taille de la Vigne & du temps auquel on doit la faire.

DE tous les Arbres sujets à l'opération de la taille suivant les régles du Jardinage, il n'en est point d'une nécessité plus indispensable que la Vigne ; il est vrai qu'elle n'est pas bien difficile à tailler ; cependant il est nécessaire qu'elle le soit, pour procurer au Raisin la qualité qu'il doit avoir, d'ailleurs, la Vigne, faute d'être taillée, périroit infailliblement ; la preuve en est fondée sur l'expérience.

SI l'on néglige de tailler une Vigne, on s'appercevra dans peu d'un dépérissement considérable, non pas à l'égard du pied qui travaille toujours à son ordinaire, mais à l'égard de ses productions, c'est-à-dire, que le Raisin ne sera ni si bien nourri, ni si parfait, que celui d'une Vigne taillée régulierement tous les ans.

LA plûpart des Jardiniers différent mal-à-propos jusqu'au mois de Mars la taille de la Vigne : il faut, pour avoir du Raisin plus beau, plus parfait & en plus grande abondance la tailler dans le courant de Décembre, l'expérience en est visible & constante.

Pour réussir dans la taille de la Vigne, il faut

en examiner la force, l'étenduë & la hauteur, afin de la tailler plus ou moins longue ou courte; on doit commencer à ôter non-seulement tout le bois mort, mais encore celui qui est superflu & capable d'épuiser une partie de la séve: il faut toujours choisir & conserver les branches mieux nourries, elles doivent être taillées à trois, quatre ou cinq yeux: on peut leur donner même encore plus de longueur, lorsqu'il s'agit de garnir quelques lieux plus éloignés, pour la faire monter plus vite. La branche plus basse doit être taillée au second œil, que l'on nomme Courson, pour produire deux autres branches propres à remplacer par la suite celle qu'on a taillé à quatre ou cinq yeux: cette observation se fait, lorsqu'il manque des places & qu'on ne veut point la faire monter plus haut.

La taille bien entenduë de la Vigne est donc ce qui contribuë le plus à sa production & perfection, sans elle, point d'ordre, très-peu de Fruit, & quel Fruit encore? Enfin, la Vigne, sans la taille, dégénére en avorton & s'élance trop.

Pour remplir le plan que je me suis proposé de donner à cet Ouvrage, je suivrai les régles des opérations à faire dans les ébourgeonnemens, & commencerai par les plus pressans.

De la maniere d'ébourgeonner & de palisser la Vigne.

L'ÉBOURGEONNEMENT de la Vigne est un retranchement des jeunes branches produites sur les Seps de la Vigne, qui y sont inutiles & mal placées. La prudence & l'intelligence d'un Jardinier doit décider de l'opération.

ON doit ébourgeonner & palisser la Vigne ordinairement vers la Saint Jean ; si on y manque, le Raisin ne sçauroit acquérir la qualité qu'il doit avoir, & parviendra avec peine à sa maturité. L'ordre à tenir pour bien palisser la Vigne est d'avoir attention qu'elle frappe agréablement la vûë ; on y parviendra en attachant ces tendres bourgeons contre la muraille & les étendant bien en égale distance ; alors ces Vignes forment une tapisserie de verdure charmante, lorsqu'elles garnissent & couvrent de toutes parts sans laisser aucun vuide : l'on doit sçavoir que dans l'ébourgeonnement & la taille on ne doit rien épargner pour orner la nature.

De la maniere d'ébourgeonner & de palisser les Arbres à Noyaux, & ceux à Pepins.

IL ne suffit point de bien tailler les Arbres ; il faut encore sçavoir les ébourgeonner & les palisser, c'est-à-dire, les conduire & les arranger d'une maniere agréable à la vûë.

LA premiere attention, en dressant les Arbres, est de les étendre en forme d'éventail ouvert & qu'on y apperçoive aucunes places dégarnies, qui feroit un grand défaut dans un Arbre.

LA seconde est qu'en attachant les branches contre les treillages ou la muraille, d'observer qu'elles soient séparées les unes des autres d'une distance égale.

LA troisiéme est d'attacher les premieres branches basses aux treillages & à la muraille à six ou huit pouces de terre, en continuant d'un côté de branches en branches jusqu'au haut ; ayant alors rangé ainsi la moitié de l'Arbre, on descend de l'autre côté, gardant le même ordre tenu à l'égard des branches attachées ; par ce moyen les Arbres sont étendus proprement & forment un tapis de verdure qui plaît & satisfait la vûë.

CETTE opération se fait à la fin de Juin, sur

les Arbres à Noyaux, tels que les Pêchers & les Abricotiers: à l'égard de ceux à Pépins, tels que les Pommiers & les Poiriers, on doit la différer vers la fin de Juillet; si on la faisoit de meilleure heure, il seroit à craindre que la plûpart des meres à Fruits n'avortassent & que la séve n'agisse trop, ensorte que de meres à Fruits, qu'elles sont, elles se convertiroient dans des branches de faux bois.

Cet ouvrage se fait avec la serpette & consiste à décharger & retrancher les branches superfluës, inutiles, mal placées & celles qui font confusion, afin que pour la beauté de l'Arbre les branches restantes, tant à bois qu'à Fruits, se fortifient.

Il faut retrancher encore les branches qui ont pris naissance sur le devant & sur le derriere des Arbres, elles préjudicient à la forme, à la fécondité & aux plus exacts arrangemens qu'on veut lui procurer. si cependant il se trouvoit quelque vuide dans un Arbre, il faut, pour peu que ces branches soient bien situées, en faire usage pour le remplir. On voit quelquesfois sur une même branche à bois sortir du même œil deux ou trois branches, alors il faut choisir celles qui conviennent le mieux pour la forme de l'Arbre & retrancher les autres.

La profusion du bois venant ordinairement sur les bonnes branches, il faut décharger les Arbres du superflu, afin que les branches nouvelles puissent profiter de toute la substance produite par les racines.

IL faut bien ſe garder de croiſer les branches ſur un Arbre, c'eſt un grand défaut; on peut cependant le faire ſans ſcrupule à l'égard des Pêchers, lorſqu'ils ne garniſſent pas aſſez; & laiſſer exprès ces branches quand il s'agit de remplir un vuide, & pour donner à l'Arbre la forme qu'il doit avoir.

De la maniere d'avoir de beaux Fruits.

L'EXPE'RIENCE du Jardinage fait trouver de petits ſecrets pour aider les Fruits à parvenir à leurs perfections: lorſque ces Fruits viennent ſur les Arbres en trop grand nombre, ils nuiſent les uns aux autres, & cette multitude confuſe eſt la cauſe qu'ils ne ſont ſouvent ni beaux ni bons, ne pouvant groſſir, ils s'empêchent mutuellement, ſurtout les Abricots & les Pêches qui ſe dérobent l'un à l'autre le ſuc de l'Arbre & les influences du Soleil, qui les perfectionne, ſoit pour le goût ou pour la beauté.

LORSQU'IL en eſt ainſi il faut les éclaircir; la prudence du Jardinier doit décider du choix & de la quantité qu'il doit abattre: ceux qui lui tomberont ſous la main ne ſont point perdus; ſi ce ſont des Abricots ou des Pêchers, on peut s'en ſervir à confire.

C'EST ordinairement vers le commencement

de Juin, que l'on peut éclaircir les Fruits à Noyaux & en Juillet ceux à Pépins, soit d'Automne ou d'Hyver : tous Fruits trop petits ou de figure irréguliere doivent être abattus; étant ainsi éclaircis, ils sont dans le cas d'acquérir plus facilement leurs perfections de bonté & de beauté.

LES Fruits exigent encore d'autres soins pour être parfaits: vers la fin d'Août, il faut les découvrir de leur ombre, en coupant adroitement avec des ciseaux la plûpart des feuilles qui les offusquent. Cette opération se fait autour des Fruits avec prudence & modération, parce qu'en cela le but du Jardinier n'est que de placer & laisser le Fruit dans un état disposé à recevoir & à profiter des pluyes, des rosées & des rayons du Soleil, qui sont les trois objets qui coopérent le plus à leur perfection.

De la bonté des Fruits.

IL faut remplir un Jardin d'Arbre à Fruits, point de difficulté; mais, pour le faire, il faut faire choix des meilleures espéces.

PERSONNE ne peut contester que ce Climat produit de bons & beaux Fruits, il en est aussi de médiocres, ce qui communément ne provient que de la qualité du terrein où les Arbres sont plantés: dans le grand nombre il s'en trouve d'excellens & de parfaits: au reste la nature est de tout Pays, l'unique attention est de la faire agir.

Tout Fruit naturellement bon en lui-même n'a jamais été contraire à la santé, quand il est parvenu en maturité : tant de personnes en font usage, que peu s'en faut qu'elles ne mettent le Fruit au nombre des choses nécessaires à la vie : chacun veut en avoir & ne sçauroit s'en passer. Combien est-il de repas dont le Fruit fait l'agrément, la variété & l'éclat?

La différence des fruits se connoît à leur figure : les uns sont longs, d'autres ronds, applatis, quelques-uns piramidaux, d'autres ovales. Ils se distinguent aussi par leurs différentes couleurs : les uns sont rouges en dehors, d'autres blancs, jaunes, verts ou violets ; mais le dedans qui fait, à proprement parler sa chair, a la couleur & le goût différent, & n'ont de rapport qu'à certains égards : on le connoît au toucher ; l'un est fondant, l'autre cassant, doux, musqué, ayant de l'odeur, acre, insipide ou rempli d'amertume, selon leur nature & le terrein qui les produit.

Lorsqu'un Fruit n'a que la beauté, il n'est pas estimé, il faut, autant qu'il se peut, travailler & se donner des peines pour joindre le bon à l'agréable : tout Fruit dont la figure est irréguliere, sans l'agrément du coloris, quelque bon qu'il soit, perd de valeur, & ne peut passer pour un fruit parfait, il faut qu'il puisse également satisfaire le goût & la vuë.

UNE Pêche, par exemple, un Abricot, Poire ou Pomme passeront toujours pour parfaits, lorsque par un rare assemblage, on trouve jointe à leurs figures & coloris une chair tendre, délicate, fondante, beurrée, cassante, musquée ; une eau douce, sucrée, succulente, & dans quelques unes parfumée. Enfin, il est certain que toutes espéces de Fruits, la qualité est préférable à la quantité.

ON n'a pas prétendu donner ici des régles pour les vastes Jardins, dans lesquels les Maîtres se picquent d'avoir des Fruits de toute espéce ; le dessein de l'Auteur n'est pas de faire un vain étalage, description ou énumération générale des Fruits, qui seroit plus ennuyeuse qu'utile, il se borne seulement à un détail succint des meilleures espéces, qu'il convient de planter dans un Jardin de grandeur médiocre : ce n'est point d'un grand nombre d'espéces de Fruits qu'un Jardin tire son mérite, mais d'une certaine quantité choisie & digne de l'attention des Curieux.

POUR continuer le Plan que l'on s'est proposé dans le détail de cet Ouvrage, on suivra l'ordre que la nature a prescrit à toutes espéces de Fruits eû égard au cours & au temps de leur maturité.

Description du Groselier épineux.

LE Groselier cultivé dans les Jardins vient à la hauteur de trois ou quatre pieds, touffu, garni d'épines aiguës de toutes parts : son bois est blancheâtre, ses feuilles presque rondes, découpées en cœur, dentellées, couleur d'un vert foncé & luisant. Il a des Fleurs petites, verdeâtres, composées de cinq fleurons sortans du fond d'un calice, découpées en cinq parties, portées sur des pédicules courtes; à ces Fleurs succédent des fruits ronds, charnus, gros comme des balles à fusil, rayés & verts dans le commencement, rempli d'un suc acide, à mesure qu'il mûrit il prend une couleur jaunâtre, a le goût agréable, sucré & doux, renfermant dans l'intérieur plusieurs petites semences dures, rondes & perlées.

Culture du Groselier épineux.

LE Groselier épineux se multiplie de ses rejettons enracinés qu'on sépare de sa souche, qu'il faut planter en Novembre & en Mars dans les plattes bandes entre les Espaliers: il prend telle figure que l'on veut, soit en Buisson, soit à tête : c'est Arbrisseau n'est point familier, chacun craint de l'approcher à cause de ses épines.

Propriété du Groselier épineux.

AVANT la maturité du fruit, il est rafraîchissant, astringent, arrête le crachement de sang, le cours de ventre & calme la soif: on s'en sert beaucoup dans les pâtisseries.

Description du Groselier rouge.

LE Groselier rouge est un Arbrisseau touffu qui produit de ses racines plusieurs tiges ou branches noirâtres, dont l'extrémité est blancheâtre, sa hauteur est de trois à quatre pieds; il a ses feuilles presque rondes, découpées en trois parties, dentellées sur les bords; ses Fleurs sont d'un vert jaunâtre, portées sur de longues pédicules, disposées en grappes qui sortent des aisselles de ses feuilles. Ses Fleurs étant passées il succéde des fruits verts dans le commencement, rouges, ronds, luisans, remplis d'un suc aigret & agréable au goût, lorsqu'ils sont arrivés à leur maturité.

IL y a une seconde espéce de Groseille qui ne différe de la rouge qu'en ce que le fruit est de couleur d'ambre & que nous nommons Groseille perlée.

Culture du Groſelier rouge.

LE Groſelier rouge ſe multiplie de même que le précédent, de ſes rejettons enracinés pris ſur la ſouche. Sa culture n'a rien de ſingulier, il ſe plante en Novembre ou en Mars dans les plattes bandes entre les Eſpaliers ; il faut avoir ſoin de l'arroſer pour le faire reprendre, ſurtout dans les grandes ſéchereſſes : il prend de même telle forme que l'on veut, il eſt des plus flexibles & obéit facilement à la main qui le conduit.

Propriété de la Groſeille rouge.

LEs Groſeilles rouges & les perlées ſont rafraîchiſſantes, aſtringentes, fortifiantes, apéritives, précipitent la bile, tempérent les ardeurs du ſang, arrêtent le flux de ventre & le crachement de ſang ; elles ſont très en uſage pour le ſirop, la gelée & les confitures.

Deſcription du Groſelier noir ou Caſſis.

LE Groſelier noir eſt comme les deux précedens une eſpéce d'Arbriſſeau. Sa racine eſt brunâtre, fibreuſe & garnie de chevelus ; il pouſſe à trois & quatre pieds de hauteur des tiges & des branches couvertes d'une écorce noirâtre, mouchetée de blanc : ses branches sont garnis dans l'Hyver de gros yeux d'un rouge purpurin. Ses feuilles sont oblongues, découpées en trois parties, dentellées sur les bords, d'un beau vert clair, ayant le goût acre & l'odeur forte : ses Fleurs sont d'un vert pâle, portées sur une longue queuë, formées en grappes, sortant des aisselles de ses feuilles : après que les Fleurs sont passées, il succéde des fruits grappés, ronds & noirs, ayant l'odeur forte & le goût agréable.

Culture du Groselier noir ou Cassis.

LE Groselier noir se multiplie ainsi que les précédens de ses rejettons enracinés qui se partagent & qu'on éclate de sa souche : on les plante ensuite dans les plattes bandes ou autres semblables endroits : il peut être conduit suivant l'idée, en buisson ou en figure arrondie : il s'accommode de telle façon que l'on veut & il produit dans toutes espéces de terrein; sa culture n'a rien de particulier, il reprend même de bouture, pour peu qu'il soit fiché dans un terrein humide & arrosé dans le besoin.

Propriété

Propriété du Groselier noir.

SEs feuilles pulvérisées ou écrasées sont souveraines contre les morsures de toutes espéces de Bêtes vénimeuses ou enragées : prises en guise de Thé, c'est un reméde pour toutes sortes de fiévres, propres dans l'apoplexie, la létargie, l'assoupissement, le scorbut, la petite vérole, l'hidropisie ; elles dissipent la bile & la colique, réjouissent le cœur, emportent la mélancolie, aident à la digestion, fortifient l'estomach, excitent l'appétit, chassent les vents & sont très-bonnes pour la goutte, une poignée de ses feuilles imbibée dans l'huile d'olive & appliquée sur la partie affligée, la fait transpirer & emporte la douleur : on fait de son fruit un excellent Ratafiat, propre à entretenir la santé.

Description du Framboisier.

LE Framboisier n'est pas un Arbrisseau, mais une espéce de Ronce, qui de ses racines produit tous les ans des jets nouveaux de la hauteur de cinq ou six pieds ; lorsque ces jets ont porté leurs fruits, ils périssent l'année suivante. Ils sont garnis & remplis de pointes aiguës : ses feuilles sont découpées en trois parties, de couleur d'un verd obscur pardessus & blancheâtre pardessous : ses Fleurs sont blanches, composées de cinq fleurons disposés en rose, portées sur un calice découpé en cinq parties; à ces Fleurs succédent des fruits à peu près semblables au Fraizier, velus, de couleur rouge ou perlée. Il y en a de deux espéces, dont l'odeur & le goût sont agréables.

Culture du Framboisier.

LE Framboisier se multiplie chaque année de ses rejettons ou drageons, produits sur ses racines rampantes sous la superficie de la terre: on déplante ou on arrache ces drageons pour les mettre ensuite le long des murailles à un pied de distance les uns des autres; ils viendront & profiteront bien en prenant soin de les palisser pour servir d'une agréable verdure & avoir tous les ans l'agrément de son fruit.

Propriété du Framboisier.

LA Framboise fortifie le cœur & l'estomach, purifie le sang, est rafraîchissante & laisse un bon goût à la bouche.

Deſcription du Ceriſier.

LA plûpart des Ceriſiers croiſſent de hauteur médiocre & viennent de moyenne groſſeur : ſon écorce eſt dure, épaiſſe, rouſſâtre ou griſâtre : ſes feuilles ſont longues, étroites, pointuës & dentellées ſur les bords. Les Fleurs ſont blanches, compoſées chacune de cinq fleurons diſpoſés en roſe : les Fleurs étant paſſées, il ſuccéde des fruits ronds & verts d'abord, & qui peu à peu deviennent rouges, noirs ou blancs ſelon leur eſpéce, ils ſont portés ſur une queuë plus ou moins longue, renfermant dans l'intérieur chacun un noyau dur, oſſeux, contenant une petite amande blanche, d'un gout amer, mais agréable.

Propriété des Ceriſes.

LEs Ceriſes ſont cordiales, apéritives, ſtomachales, rafraîchiſſantes, tiennent le ventre libre & adouciſſent l'acreté des humeurs.

Énumération des Ceriſes.

DEs différentes eſpéces de Ceriſes, celles ci-après déſignées paſſent pour être les meilleures.

Le gros Damas rouge.

Les Aigriottes.
Le Bigarreau blanc.
La Montmorency.
La Cerise précoce.
Le gros Damas noir.
Le Bigarreau rouge.
Lalloeu à courte queuë.
La Cerise d'Espagne à longue queuë.

Description de l'Abricotier.

L'ABRICOTIER vient de bonne hauteur & grosseur, il est couvert d'une écorce épaisse, dure & grisâtre : ses branches s'étendent fort loin, ses feuilles sont courtes, larges, presque rondes, dentellées, pointuës, d'un verd foncé, ayant le goût acre. Ses Fleurs sont de couleur de rose pâle, composées chacune de cinq fleurons disposés en rose : ces Fleurs étant tombées, il succéde des fruits ronds, charnus, gros comme des œufs, applatis sur le côté & sillonnés sur la longueur ; parvenus à leur maturité, ils sont rouges d'un côté & jauneâtres de l'autre ; la chair qui est jaune, tendre, fondante & douce renferme un noyau dur, osseux, applati, pointu d'un côté, convexe de l'autre, & contient une amande blanche, amere, d'un goût cependant agréable.

Propriété de l'Abricotier.

LE Fruit de l'Abricotier est cordial, pectoral, humectant & rétablit les forces.

Énumération des Abricots.

IL y a trois espéces d'Abricots, le hâtif, celui ordinaire commun & le musqué.

Le hâtif est très-petit ; celui ordinaire commun vient gros, il est mûr vers la fin de Juillet ; l'Abricot musqué grossit autant que l'ordinaire commun, il est mûr dans le mois d'Août.

Description du Pêcher.

LE Pêcher est un Arbre très-foible & le plus délicat des Fruits à Noyaux, par conséquent il demande l'Espalier seulement ; il jette des branches longues de trois, quatre & cinq pieds, minces & fragiles : ses feuilles sont longues, étroites, pointuës, dentellées sur les bords & d'un goût amer. Ses Fleurs sont d'un rouge pâle ou incarnat, ayant de l'odeur & le goût d'amandes ameres : elles sont composées de cinq fleurons disposés en rose ; ces Fleurs étant tombées, il succéde des Fruits ronds, charnus, couverts d'un petit poil ou duvet blancheâtre, le fruit en est ordinairement rouge ou jaunâtre, blancheâtre, violet ou pourpré, selon l'espéce. La chair est vineuse, fondante : d'un goût & d'une saveur agréable, renfermant dans l'intérieur un gros noyau osseux, rougeâtre, très dur & ciselé, contenant une amande blanche, d'un goût amer & agréable.

Propriété de la Pêche.

LA Pêche est pectorale, rafraîchissante, cordiale, humectante, lache le ventre ; les Fleurs & les feuilles du Pêcher sont purgatives, apéritives & tüent les vers.

Énumération des meilleures Pêches.

L'AVANT Pêche est très-petite & mûrit la premiere dans le commencement de Juillet, elle est sucrée & musquée.

LA Pêche de Troyes est de moyenne grosseur, plus ronde que longue, belle en couleur, a l'eau sucrée, est mûre vers la fin de Juillet.

LA Pêche mignonne est grosse, aussi ronde que longue, belle en couleur, a le goût excellent ; elle est mûre en Août.

LA Pêche pourprée est de bonne grosseur, elle vient d'un rouge pourpré, plus ronde que longue, a de l'eau très-sucrée, est mûre en Août.

LE Teton de Venus est une Pêche assez grosse, plus ronde que longue, a de l'eau très-sucrée, est mûre vers la fin d'Août.

La Magdelaine rouge fait une grosse Pêche, un peu plus longue que ronde, d'un coloris rouge, est très vineuse & des plus sucrée, est mûre au commencement de Septembre.

La Magdelaine blanche est assez grosse, plus ronde que longue, a de l'eau très-sucrée & vineuse, est mûre au commencement de Septembre.

La Pêche du Quesnoy est d'une bonne grosseur, plus ronde que longue, a la chair très-fine, l'eau des plus sucrée, & est mûre en Septembre.

La Nivette est une Pêche de moyenne grosseur, assez blanche & prend fort peu de rouge; elle est aussi ronde que longue, très-vineuse & sucrée: elle est mûre en Septembre.

La Pêche Louvois est très grosse, rouge, ayant de l'eau très-sucrée & vineuse: elle est mûre à la mi-Septembre.

La Violette hâtive est une Pêche de bonne grosseur; sa chair est violette, son eau très sucrée, est mûre en Septembre.

L'Admirable jaune ou abricotée, est une Pêche plus ronde que longue, sa couleur est d'un pourpre noir; la chair en est jaune, ferme & sucrée: elle est mûre en Septembre

La Pêche monstrueuse est grosse, plus longue que ronde, d'un rouge incarnat; a de l'eau très-sucrée & le goût musqué: elle est mûre vers la fin de Septembre.

La Pêche Royale est grosse, plus longue que

ronde, d'un rouge beau & luifant: la chair eft remplie d'une eau très-fucrée: elle eft mûre en Septembre.

La Pêche admirable vient groffe, plus longue que ronde, elle prend aifément le rouge lorfqu'elle eft frappée du Soleil; fa chair eft ferme, fon eau fucrée, elle eft mûre à la fin de Septembre.

La Violette tardive, Pêche plus ronde que longue, eft des plus eftimée, eft excellente & mûrit vers la fin de Septembre.

Le Pavis rouge de Pomponne eft une Pêche de bonne groffeur, auffi ronde que longue; elle prend aifément fa couleur rouge: elle eft mûre dans le mois d'Octobre.

Le Brugnon hâtif eft un Fruit à noyau, qui fait une efpéce de Pêche: il vient auffi rond que long: fa couleur eft d'un pourpre noireâtre: fa chair eft jaune, remplie d'une eau tres-fucrée, eft mûr en Septembre.

Le Brugnon blanc vient de moyenne groffeur, fa chair eft jaune, ferme, eft mûr en Septembre.

Le Brugnon violet tardif vient gros & ferme, fa chair eft jaune & mufquée; lorfqu'il peut bien mûrir fur l'Arbre, c'eft un excellent manger, il eft ordinairement mûr en Octobre.

La Pêche Perfique, groffe Pêche plus longue que ronde, mûre à la fin de Septembre.

La Raxanne.

La Pêche de Pau.

La Chevreuſe.
La Bourdine.
La Pêche d'Andilly.
Alberge jaune.
Le Pavis rouge.
La Payſanne.
Le Pavis Royal.
La Chanceliere.
La Bellegarde.
La Belle de Vitry.
Alberge rouge.
La Pêche jaune tardive.

Sous les noms de Pêches, on en diſtingue de trois ſortes; les Pêches ſont celles qui quittent le Noyau; les Pavis ne le quittent point, les Brugnons, qui ſont une eſpéce de Pêche liſſe ne quittent point le Noyau.

La premiere bonne qualité d'une Pêche eſt d'avoir tant ſoit-peu la chair ferme, ce qui paroît lorſqu'on lui ôte la peau qui doit être fine, luiſante, jauneâtre, ſans aucun endroit de vert, ſe découvrant aiſément, ſans quoi la Pêche n'eſt point mûre.

La ſeconde eſt que cette chair fonde dès qu'elle eſt dans la bouche, parce que ce n'eſt qu'une eſpéce de ſubſtance conſolidée, qui ſe liquéfie pour peu qu'elle ſoit preſſée ſous la dent.

La troiſiéme eſt, que ſon eau en fondant ſe trouve douce, ſucrée, d'un goût relevé, vineux & dans quelques-unes muſqué.

LA Pêche eſt ſans contredit le Fruit dont la figure plaît le plus à la vûë, par ſon coloris, par ſon goût & l'abondance d'eau ſucrée & vineuſe qu elle renferme, & par cette douceur relevée d'un parfum qu'elle exhale dans la bouche.

Deſcription du Prunier

LE Prunier eſt un Arbre qui vient de groſſeur & de hauteur médiocre; ſon écorce eſt épaiſſe, dure & griſâtre : ſes branches ſont rameuſes : ſes feuilles oblongues, larges, dentellées ſur les bords, couleur d'un vert foncé & luiſant. Ses Fleurs ſont blanches, compoſées de cinq fleurons diſpoſés en roſe, garnies de pluſieurs étamines dans le milieu; ces Fleurs étant paſſées, il ſuccéde des Fruits, qui prennent leur différence en figure, en forme & en couleur; les uns ſont ronds, d'autres longs, & d'autres ovales; quant à la forme, il y en a de gros, de moyens & de petits; & quant à la couleur, il s'en trouve de rouges, de blancs, de violets, de jaunes, de verts & de couleur d'ambre, ſelon l'eſpéce : la plûpart ſont remplis d'une eau ſucrée, d'un goût doux & agréable : ils renferment un noyau rond ou oblong, contenant chacun une petite amande blanche d'un goût amer & gracieux.

Propriété des Prunes.

LEs Prunes sont humectantes, rafraîchissantes & lâchent le ventre.

Énumération des Prunes.

LA Reine-Claude est une Prune verte, plus ronde que longue, très-sucrée & quitte le Noyau.

L'IMPERIALE violette est une Prune plus longue que ronde dont l'eau est très-sucrée, la chair jaune, elle quitte le Noyau.

LE petit Damas musqué, Prune semblable à peu près à un œuf de Pigeon, a de l'eau très-sucrée, mais elle a le défaut de ne pas bien quitter le Noyau.

LE Damas violet, grosse Prune qui mûrit des premieres, a la chair ferme & jaune, elle est plus ronde que longue, a de l'eau très-sucrée, elle quitte le Noyau.

LE Damas rouge est plus rond que long : il est fort estimé, a de l'eau très-sucrée & quitte le Noyau.

LA Prune de Monsieur devient grosse, aussi longue que ronde : sa couleur est rougeâtre, sa chair est jaune, son eau est sucrée, elle quitte le Noyau.

LA Mirabelle est une petite Prune ronde,

de couleur d'ambre, elle a la chair jaune, de l'eau très-sucrée, elle quitte le Noyau.

LE Perdrigon blanc est une Prune excellente, a l'eau sucrée, elle quitte le Noyau.

LE Perdrigon violet est une Prune plus longue que ronde, son eau est des plus sucrée, elle quitte le Noyau.

LA Prune d'Abricot est ronde, sa chair est ferme, jaune & sucrée, elle quitte le Noyau.

LA sainte Catherine, Prune plus longue que ronde, prend la couleur d'Ambre en murissant, remplie d'une eau vineuse & sucrée, elle quitte le Noyau.

LE Drap d'or est une Prune de moyenne grosseur, foüettée de rouge sur une peau jaune, a de l'eau très sucrée, elle quitte le Noyau.

LA Royale est une grosse Prune ronde, d'un rouge clair, a de l'eau très-sucrée, elle quitte le Noyau.

L'ABRICOTÉE jaune d'un côté & rouge de l'autre, est une grosse Prune qui quitte le Noyau.

Le Damas de Tours.

La Diaprée.

Le Cœur de Pigeon.

La Prune Caroline.

Le Cœur de Bœuf.

Le Damas blanc.

La Prune de Mont-Mirel.

La Prune Virginale.

La Prune de Catalogne.

La Prune de Saint Julien.

Description du Poirier.

LE Poirier eſt un Arbre qui vient gros & droit, ſon écorce eſt épaiſſe, dure & griſeâtre. Ses feuilles ſont larges, rondes, peu oblongues, pointuës, vertes & luiſantes. Sa Fleur eſt blanche, compoſée de cinq fleurons diſpoſés en roſe, portée ſur un calice qui devient par la ſuite un Fruit charnu, rond, oblong, ovale ou piramidale, ordinairement pointu du côté de la queuë, & garnie de l'autre côté par un nombril formé par les découpures du calice : ce Fruit eſt la Poire, qui dans ſon commencement eſt verte, dans ſa maturité de différentes couleurs & figures, ſelon l'eſpéce : elle a la chair blanche, fondante, caſſante ou beurrée, renfermant dans l'intérieur cinq loges garnies de Pépins noirs qui couvrent une petite amande blanche d'un goût amer & agréable.

Proprieté de la Poire.

LEs Poires ſont rafraîchiſſantes, humectantes, nourriſſantes, fortifient l'eſtomach, appaiſent la ſoif & aident à la digeſtion.

Énumeration des meilleures Poires.

LA Magdelaine est plus longue que ronde, passe promptement & ne dure point, est fondante, & mûre à la fin de Juillet.

LA Cuisse Madame mûrit des premieres à la fin de Juillet, est grosse & longue, a de l'eau très sucrée, est fondante.

Le gros Blanquet d'Eté, plus ronde que longue, grosse, blanche, sucrée, fondante & beurrée, est mûre à la fin de Juillet.

LE petit musqué se mange vers la mi-Août, aussi rond que long, très-jaune, étant mûr, il est cassant.

LA Poire de Saint Laurent est de moyenne grosseur, plus longue que ronde, fondante & sucrée, bonne en Août.

LA Princesse d'Eté, excellente, assez grosse, plus longue que ronde, jaunit en mûrissant, est fondante, bonne en Août.

LA Poire d'Orange est plus ronde que longue, verte, & devient jaune en mûrissant, elle est remplie d'une eau sucrée, est cassante & bonne à la fin d'Août.

LE bon Chrétien d'Eté, Poire grosse & longue, jaunit en mûrissant, a de l'eau très-sucrée, se mange à la fin d'Août.

LA Calebasse, excellente, très-longue de couleur rousse, a l'eau des plus sucrée, est cassante, bonne en Septembre.

La Poire de Pucelle eſt groſſe, plus ronde que longue, de couleur griſe, mouchetée de pluſieurs petites tâches, claires & luiſſantes; la queuë très-coute, eſt fondante & beurrée: eſt remplie d'une eau ſucrée, bonne en Septembre.

La Gergonelle eſt de moyenne groſſeur, une eſpéce de Rouſſelet, plus longue que ronde, eſt fondante, bonne en Septembre.

La Mouille-bouche, Poire longue & toujours verte, remplie d'une eau vineuſe & ſucrée, fondante & bonne en Octobre.

La Fondante de Breſt, excellente, de moyenne groſſeur, un peu plus longue que ronde; a de l'eau très ſucrée, eſt fondante & bonne en Octobre.

Le Rouſſelet de Reims, Poire délicieuſe, auſſi longue que ronde, a de l'eau très-ſucrée & muſquée, bonne vers la fin de Septembre.

La Bergamotte Creſanne, Poire griſe, de moyenne groſſeur, auſſi longue que ronde, fondante & remplie d'une eau très ſucrée, bonne en Novembre.

Le Doyenné, Poire de bonne groſſeur, qui jaunit en mûriſſant, a beaucoup d'eau ſucrée, eſt fondante, bonne en Octobre.

Le Beurrée gris, Poire connuë de tout le monde pour excellente, très-fondante, bonne en Octobre.

Le Meſſire-Jean, Poire excellente, plus ronde que longue, eſt des plus ſucrée & caſſante, bonne en Octobre.

La Marquise, grosse Poire délicieuse, de couleur grisâtre, elle prend fort peu de jaune en mûrissant, est des plus fondante, est remplie d'eau très-sucrée, est bonne en Novembre.

Le Saint Germain, grosse & longue Poire, blanchit en mûrissant, est des plus fondante, sa grande quantité d'eau la rend délicieuse, bonne en Novembre & Décembre.

Le Blanquet d'Automne, Poire de moyenne grosseur, blanche, plus longue que ronde, fondante, bonne en Novembre.

La Jalousie, Poire plus longue que ronde, couleur du Rousselet, est cassante, bonne en Décembre.

La Bergamotte platte, grosse Poire, excellente, de couleur verte, est des plus fondantes, bonne en Novembre & Décembre.

Le Colmar, Poire de moyenne grosseur, aussi longue que ronde, est fondante, a de l'eau très-sucrée, bonne en Décembre & Janvier.

Le bon Chrétien d'Angleterre, Poire grosse & longue, cassante, bonne en Novembre & Décembre.

La Virgouleuse, Poire longue & verte, connuë pour sa délicatesse, devient jaune en mûrissant, très-fondante, bonne en Décembre & Janvier.

La Royale d'Hyver, Poire délicieuse, de couleur grisâtre, jaunit en mûrissant, est sucrée & fondante, bonne en Janvier & Février.

La Bergamotte de Pâques, grosse Poire ronde,

de, verte, prend le jaune à meſure qu'elle mûrit, eſt fondante, bonne en Février & Mars.

L'Orange d'Hyver muſquée, Poire de moyenne groſſeur, plus ronde que longue, eſt caſſante, bonne en Février & Mars.

Le bon Chrétien d'Auſch, groſſe & longue Poire: ſa figure eſt à peu près ſemblable au bon Chrétien d'Hyver, eſt mouchetée de petites tâches noirâtres d'un côté & jaune de l'autre, eſt caſſante, ſon eau eſt ſucrée, bonne en Février & Mars.

Le bon Chrétien d'Hyver, Poire connuë par ſa bonne qualité, eſt caſſante, lorſqu'elle eſt bien conſervée, elle ſe garde juſqu'en Mai & Juin.

Le gros Trouvé, Poire très-groſſe, de couleur griſâtre auſſi longue que ronde, caſſante, bonne en Mars & Avril.

Le Sarteau blanc & gris, Poire groſſe, plus longue que ronde, n'eſt bonne qu'à cuire & mettre en compotte.

Le gros Romain & le franc réal, Poires très-groſſes, plus rondes que longues, bonnes à cuire & à mettre en compotte.

Verte longue.

Verte longue Suiſſe.

La Salviatie.

Petit Rouſſelet.

Muſcat Robert.

Martin-Sec.

Louiſe-bonne.

L'Epine d'Hyver.
Ambrette.
La Cassolette.
Citron des Carmes.
Beurré rouge d'Anjou.
Bezy Chaumontel.
Bezy Quesnoy.
Sucrin vert.
Angélique de Bordeaux.
Orange tulippée.
Orange d'Eté.

Description du Pommier.

LES Pommiers sont de deux espéces ; l'un cultivé, l'autre sauvage. Le Pommier cultivé se distingue en grand & en petit : le grand est un Arbre qui croît de hauteur médiocre : le petit n'est qu'un Arbrisseau, & lorsqu'il est écussonné sur Paradis, il reste Nain.

Le premier est gros à proportion de sa hauteur, couvert d'une écorce unie, de couleur cendrée, étant jeune, elle est rude, épaisse, dure ; étant vieux, l'écorce est remplie de mousse. Ses feuilles sont presque rondes, pointuës, dentellées sur les bords, d'un verd luisant & blanchâtre pardessous. Ses Fleurs sont rouges & blanches, composées chacune de cinq fleurons disposés en rose, portées sur des queuës fort courtes : à ces Fleurs passées, il succéde de gros Fruits charnus, presque ronds, enfoncés du côté de la queuë, & garnis de l'autre côté d'un nombril formé par les découpures du calice : le Fruit est la Pomme, couverte d'une peau très-mince, douce au toucher, unie & luisante, rouge ou blanche, grise ou jaune, selon l'espéce : la chair en général est blanche ou jaunâtre : succulente ou sucrée, renfermant dans l'intérieur cinq loges remplies de Pépins oblongs & noirs couvrant une petite amande blanche dont le goût est agréable.

Propriété des Pommes.

LEs Pommes sont humectantes, pectorales, rafraîchissantes, apéritives, cordiales, lâchent le ventre, dissipent les vents & la mélancolie : en Normandie on en fait une liqueur assez forte pour boisson ordinaire.

Énumération des meilleures Pommes.

LE Calville d'Eté, Pomme rouge, grosse, plus longue que ronde, agréable à manger, est mur est Août.

Le Briquet, grosse Pomme, plus ronde que longue, verte & jaune, étant mure, bonne en Aout.

Le Rambour d'Eté, grosse Pomme, plus ronde que longue, bonne à la fin d'Aout.

Le bon Pommier, Pomme très-grosse, plus

longue que ronde, rayée, d'un rouge incarnat, bonne en Octobre.

Le Verdin d'Automne, Pomme de moyenne grosseur, plus ronde que longue, sa chair est fondante, douce & sucrée, bonne en Novembre.

La Renette d'Automne, Pomme de moyenne grosseur, plus ronde que longue, on en fait cas, sa couleur est moitié rouge, moitié jaune, sa chair est ferme, bonne en Novembre, Décembre & Janvier.

La Pomme d'Apy connuë de tout le monde, a de l'eau des plus douce, sucrée, bonne depuis Novembre jusqu'en Février.

La Fenoüillette, Pomme de moyenne grosseur, plus ronde que longue, d'un gris rougeâtre, a de l'eau très-sucrée, sa chair ferme; bonne en Janvier & Février.

Le Calville d'Hyver, Pomme grosse, rouge, aussi longue que ronde; son eau est sucrée, bonne en Janvier & Février.

Le Verdin d'Hollande, grosse Pomme verte, plus longue que ronde, a de l'eau très-sucrée; sa chair est fondante, bonne en Novembre.

Le Calville blanc, Pomme blanche, garnie de côtes, aussi ronde que longue; a la chair très-blanche, de l'eau sucrée, bonne en Janvier & Février.

La Renette mouchetée, Pomme de bonne grosseur, plus longue que ronde; sa chair est ferme, son eau est très-sucrée, bonne en Février & Mars.

La Renette flagellée, grosse Pomme, jaune, mouchetée de rouge, a de l'eau très-sucrée; on en fait grand cas, bonne en Février & Mars.

Le Court-pendu, Pomme grise, plus ronde que longue, bonne en Février & Mars.

La Renette grise, Pomme qui devient grosse & grise, plus ronde que longue, a de l'eau très-sucrée: sa chair ferme, bonne en Mars & Avril.

La Renette d'Espagne, Pomme d'assez bonne grosseur, verte, prend le jaune en mûrissant, est ronde & applatie, tant du côté de la queuë que du côté du nombril; la chair en est ferme, jaunâtre, a de l'eau très-sucrée, bonne en Mars & Avril.

La Renette d'or, Pomme d'assez bonne grosseur, aussi ronde que longue; très-jaune, mouchetée de rouge; la chair ferme, a de l'eau sucrée, bonne en Février & Mars.

La Coussinotte, Pomme de moyenne grosseur, plus longue que ronde, prend aisément le rouge, a de l'eau très-sucrée, la chair ferme, bonne en Février & Mars.

Le Cœur de Pigeon, Pomme de moyenne grosseur plus longue que ronde, formée en cœur, prend aisément le rouge, est beaucoup estimée, bonne en Février & Mars.

Le Verdin d'Hyver, grosse Pomme, plus longue que ronde, a la peau rayée de jaune & de rouge, son eau est très-sucrée; elle est bonne en Février & Mars.

Le Rambour d'Hyver, grosse Pomme, plus ronde que longue, verte d'abord, jaunit en murissant, a de l'eau des plus sucrée, on en fait cas, peut se garder jusques dans le mois de Mai.

Description de la Vigne.

LA Vigne est une espéce d'Arbrisseau dont les tiges sont foibles, tortuës, couvertes d'une écorce grisâtre, elle pousse des longs Sarmens & des Bourgeons garnis d'urilles rampans ou s'acrochans aux Arbres qui les avoisinent: ses feuilles sont belles, larges, presque rondes, découpées en cinq parties, dentellées, vertes, luisantes & rudes au toucher. Ses Fleurs, qui ont de l'odeur, sont d'un blanc jaunâtre, petites, composées chacune de cinq fleurons: les Fleurs tombées, il succéde des Fruits ronds ou ovales, ramassés, pressés & joints les uns contre les autres, formant une grosse grappe, verte, d'un gout aigret d'abord, & qui en murissant prennent une couleur blanchâtre ou rougeâtre, violette, grise ou noire, selon l'espéce: ils sont remplis d'un suc doux & agréable, ce Fruit est le Raisin.

Propriété du Raiſin.

LE Raiſin adoucit les acretés de la poitrine & de la toux ; il amolit, lâche le ventre, excite les crachats.

Énumération des meilleurs Raiſins.

LE Saint Bernard.
Le Chaſſelas.
Le Griſelet.
Le Muſcat rouge & blanc.
Le gros violet.
Le gros bleu d'ay.
Le Sciouta.

APRE's les inſtructions données ſur les Jardins Potagers & Fruitiers ; le Figuier, quoiqu'aſſez rare dans ce Climat, peut néanmoins en faire partie : il ne ſera pas hors de propos d'annoncer aux Curieux la maniere de le cultiver & de le gouverner.

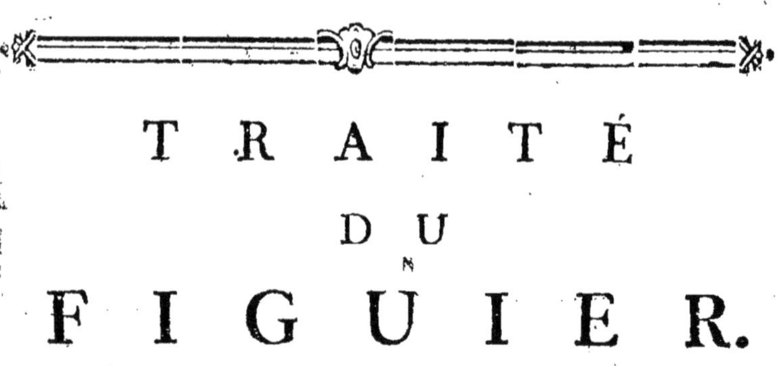

TRAITÉ DU FIGUIER.

Description du Figuier.

LE Figuier en général ne monte pas bien haut, ne fait pas un gros tronc & ne vient pas droit : il a l'écorce unie, rude, de couleur cendrée. Ses racines sont nombreuses, longues, fines, difficiles à rompre ; garnies de filamens & chevelus, de couleur jaunâtre : il a ses feuilles, grandes, larges, épaisses, rudes au toucher, découpées en quatre parties, portées sur une longue queuë, lisse, ronde, jaunâtre, remplie d'une liqueur blanche & laiteuse. Le Figuier ne fleurit jamais : ses Fleurs se tiennent dans l'intérieur du Fruit, qui, lorsqu'il a atteint sa maturité, est de la figure d'une petite Poire de couleur verdâtre, blanchâtre ou violette à l'extérieur, & rougeâtre, violette ou jaunâtre endedans : ce Fruit est charnu, succulent, d'un gout très-doux & sucré, contenant de petites graines rondes, jaunâtres & croquantes.

Culture du Figuier.

C'Est un abus de penſer que la culture du Figuier eſt facile, qu'il eſt inutile d'en prendre ſoin & qu'il n'y a qu'à l'abandonner à la nature. Si l'on voit des Figuiers en déſordre, bouleverſés, ſans régle, dans une ſituation à ne produire que très-peu de Fruits, qui, d'ordinaire ont peine à parvenir à leur pleine maturité, on ne doit point en être ſurpris, puiſque ce ſont les ſoins & la culture qui leur manquent.

Je ſuppoſe qu'un Jardin ait quelques pieds de Figuiers, dont on veut multiplier l'eſpéce ; les moyens ſurs & faciles pour y parvenir, ſont les marcottes, boutures & rejettons ou drageons enracinés.

Maniere d'élever les Figuiers de Marcottes.

1°. Choisir les branches qui naiſſent ſur le corps de l'Arbre, & de préférence, celles les plus près de la ſouche.

2°. Avoir attention que les branches à marcotter ſoient d'une longueur convenable & de la groſſeur du doigt.

3°. Prendre ces branches les unes après les autres, les coucher en terre à deux ou trois pouces ſeulement de profondeur, de maniere qu'une partie ſoit enterrée, & que l'extrémité sorte d'un bon demi pied, la partie en terre doit prendre racine, & celle en dehors produire des branches pour la forme & la figure du Figuier, si la nature le favorise pour reprendre.

L'EXPÉRIENCE apprend que le plus court & le plus naturel moyen d'élever les Figuiers, est celui de bouture, & l'on peut assurer que des différentes façons de les multiplier, celle-ci prévaut pour la réussite & la production.

Les branches à employer pour faire des boutures doivent être prises sur l'extrémité des Figuiers de celles à retrancher quand on en fait la taille, pourvu que ce soit du bois venu de l'année précédente, parce qu'ayant alors plus de disposition à recevoir la substance, il donnera par conséquent plutôt des racines.

LE Figuier commence à mouvoir en Avril: il faut alors en couper des branches, longues de dix à quinze pouces, & les ficher ensuite en terre, c'est ce que l'on appelle bouture de Figuier.

IL est à observer que ce qui doit être en terre soit taillé en forme de pied de biche ou à sifflet, pour le planter ensuite un peu courbé dans des rigolles profondes d'un demi pied sur autant de largeur, à un pied de distance l'un de l'autre, & le recouvrir ensuite de bonne terre mêlée de fumier bien pourri, avoir soin de le fouler légerement aux pieds pour obliger cette terre fumée de presser les boutures à l'endroit où elles doivent prendre racines.

CELA pratiqué ainsi, on peut en sureté les abandonner à la nature, qui toujours favorise les Plantes, lorsque l'on a soin de les arroser au besoin & d'empêcher qu'elles ne soient étouffées de mauvaises Herbes : deux années suffisent aux boutures pour être replantées aux endroits qu'on leur a destiné.

Autre maniere d'élever les Figuiers des Rejettons ou Drageons.

ON appelle Rejetton ce qui croît en terre, sur la Souche & la Racine du Figuier : dans l'origine ils sont très-petits, minces, naissans en grand nombre : quant aux Drageons, ce sont de jeunes jets prenant aussi naissance sur la Souche & les Racines des Figuiers & s'élevant avec vigueur. Il faut avec grande attention les arracher du lieu où ils ont pris naissance avec le plus de racines qu'il est possible & les planter, comme il a été ci-devant dit, dans des rigolles, s'ils ont de belles racines on peut les placer tout de suite.

Comment il faut planter les Figuiers.

APRE'S s'être donné des soins pour multiplier les Figuiers, soit de Marcottes, Boutures, Rejettons, ou enfin de Dragcons ; il s'agit de sçavoir la maniere & le temps de les planter. C'eſt ordinairement en Avril que les Figuiers en Eſpaliers ou Contre-Eſpaliers ſe plantent, après que les froidures ſont paſſées, parce que leur délicateſſe les rend plus ſuſceptibles du froid que les autres Arbres fruitiers.

POUR bien planter les Figuiers que l'on ſuppoſe avoir été nouvellement déplantés, il faut d'abord en rogner certains fibres appellés chevelus, retrancher les racines jugées inutiles & obſerver de choiſir pour cette opération un beau jour, que la terre ſoit bien meuble & en état de ſe gliſſer autour des racines.

SI l'on veut planter en Eſpalier, il faut pratiquer des foſſes à trois ou quatre pieds les unes des autres : ce travail n'eſt pas difficile, il ſuffit qu'elles ayent trois pieds de profondeur ſur autant de largeur.

POUR avoir le plaiſir & la jouiſſance du Figuier, l'expoſition ſeule y fait & l'on doit les placer toujours au Levant & au Midi.

ON doit eſſentiellement commencer par examiner le terrein ; le Figuier étant délicat, demande une terre ſéche & légere, l'humidité lui eſt contraire par le trop de ſubſtance qu'il y reçoit : une terre naturellement humide ouvre à cette ſubſtance un paſſage trop libre & ne fait produire au Figuier qu'un faux bois, gourmand, qui s'éleve avec force & s'emporte avec tant de vigueur, qu'il n'eſt d'aucun rapport, le contraire arrive lorſqu'il eſt planté dans une terre legere, meuble & ſéche ; il produit un bois propre & convenable pour sa figure & donne du fruit en grande abondance & d'un gout plus relevé : on ne doit donc point ignorer que les Figuiers, soit en Espaliers ou contre-Espaliers, ne doivent point être arrosés à moins que ce ne soit dans un pressant besoin, parce que la terre, cette mere commune de tous les végétaux, renferme assez d'humidité en elle-même pour fournir aux Racines du Figuier & lui faire acquérir une croissance convenable à sa nature.

LES Figuiers ne réussissent pas moins en contre Espaliers en forme de haye, mais il leur faut une terre legere & une bonne exposition : ils se plantent à deux pieds les uns des autres ; il suffit d'avoir attention de ne jamais les laisser monter à plus de six pieds, & pour cet effet de retraucher tous les ans les plus grosses branches à leur origine : cette opération fait produire d'autres branches nouvelles pour le fruit qui ne vient ordinairement que sur le jeune bois cru de l'année précédente ou de la même année.

De la Taille du Figuier.

LEs Figuiers ne sont pas moins assujettis à la taille que les autres Arbres Fruitiers ; mais ils demandent beaucoup plus de réflexions.

Il est essentiel d'en sçavoir la taille dans les régles, & d'être prévenu qu'il est un choix à faire des branches à conserver d'avec celles à retrancher.

On ſuppoſe avoir des Figuiers bien élevés, qu'il ne s'agit plus que de conduire dans un état de perfection : il faut commencer, après les obſervations faites.

1°. A retrancher entierement tout le bois mort, que, malgré les ſoins apportés, l'Hyver a rendu tel.

2°. Que le Figuier eſt ſi délicat qu'il en coûte toujours quelques branches, pour peu que la gelée ait eu priſe ſur lui.

3°. Quant à la forme qu'on ſe propoſe de donner au Figuier, il faut obſerver de les conduire ſuivant leurs forces & les diſpoſitions qu'ils exigent.

Il eſt bon de ſçavoir que le Figuier pouſſe ordinairement avec force & vigueur ; que les plus fortes branches, telles que celles qui emportent une grande partie de la ſubſtance de l'Arbre, doivent être retranchées à leur origine, ainſi que celles qui font confuſion, avoir grande attention de ne pas laiſſer échapper le Figuier, & pour cet effet il faut rabattre les groſſes branches ſujettes à s'élever audeſſus des autres.

Il eſt à remarquer encore que le Figuier produit des branches longues de plus d'un pied, qui n'ont pas reçu aſſez de nourriture ou dont les extrémités ſont mortes par les froidures (ce qui s'apperçoit aiſément au mois d'Avril.) Après avoir reconnu ces défauts, il faut retrancher ces branches comme malades, ou ne produiſant que du bois inutile.

La culture du Figuier se faisant en vûë d'avoir du fruit, l'expérience fait connoître qu'il ne faut jamais tailler l'extrémité des branches venuës de l'année précédente, mais bien les attacher dans toute leur longueur; le Figuier ne produisant son fruit qu'à l'extrémité de ses branches.

On voit ordinairement que les Arbres fruitiers sont sujets à donner de faux bois, gourmands, ces sortes de branches ont les yeux plats, fort éloignés les uns des autres, & lorsque l'on voit semblables branches, les régles de la taille les condamnent d'être retranchées à leur origine, si l'on juge qu'elles soient venuës dans une mauvaise situation; mais si pour la figure de l'Arbre on croit mieux faire de les laisser, il faut les tailler de court, afin de les obliger à produire d'autres branches dont on fera usage au besoin, tant pour la forme du Figuier, que pour les fruits.

Les raisons démontrées ci-dessus sur la taille du Figuier donnent à connoître que la nature de cet Arbre differe beaucoup de celle des autres, il faut s'attendre à voir au Printemps tous les yeux restés sur l'extrémité des branches venuës de l'année précédente, produire une Figue, quelquesfois deux, qui sont celles que nous appellons Figues-Fleurs, & dont la parfaite maturité se fait vers la fin d'Août ou au commencement de Septembre.

Du temps de pincer & d'ébourgeonner les Figuiers.

LE pincement des Figuiers doit se faire à la fin de Mai : cette opération se fait sur les fortes branches nouvellement venuës depuis la taille d'Avril ; elle consiste à pincer avec les ongles des doigts l'extrémité des branches, pour les obliger à produire un plus grand nombre de jeunes branches pendant l'Eté : il est à croire que ce pincement contribuë beaucoup à la nourriture du fruit, & que l'on peut au surplus se promettre des Figues-Fleurs en abondance l'année suivante, parce que ces branches tendres, jeunes & produites après le pincement ne sçauroient, comme de coutume, donner leurs fruits avant l'Hyver, mais seulement au Printemps suivant.

ON fait ensuite au commencement de Juillet l'ébourgeonnement des Figuiers, il consiste à retrancher toutes les branches cruës dans une mauvaise situation, & surtout celles qui font confusion, elles portent préjudice à la figure & à la fécondité de l'Arbre : il faut aussi couper ou retrancher celles qui prennent leur origine dans tous les endroits que la taille condamne.

Le premier avantage qu'on tire de l'ébourgeonnement, est qu'un Espalier ou Contre-Espalier

palier de Figuier, bien conduit, frappe agréablement la vûë, lorsque l'un ou l'autre est gouverné par une main habile qui s'est donné tous les soins pour le bien guider.

Le second, & ce qu'il y a d'agréable dans la figure du Figuier, est de servir de grand ornement dans un Jardin, surtout lorsque rien ne manque à leur arrangement.

Le troisiéme, est de sçavoir que le Figuier ne voulant point être gêné, on doit lui laisser une liberté convenable à sa nature, afin que son fruit puisse mieux acquérir une parfaite maturité.

Il faut, dans l'ébourgeonnement, observer que toutes les branches soient arrangées de façon que le fruit n'en soit point ombragé, parce qu'il attend sa perfection de l'ardeur du Soleil; on le laisse ainsi jusqu'à la fin d'Octobre, & alors on se conduit à son égard de toute autre maniere, afin de pouvoir le garantir des injures de l'Hyver.

De la maniere de conserver les Figuiers pendant l'Hyver.

Pour jouir du plaisir & avoir l'agrément de conserver long temps les Figuiers, il faut, aux approches de l'Hyver, faire provision de longs fumiers pris des Ecuries sous les Chevaux.

LES Figuiers étant naturellement susceptibles de froid, on doit par conséquent prendre les mesures nécessaires pour les en garantir : & aussitôt, leurs feuilles tombées, il faut, sans balancer, détacher toutes les branches, les coucher adroitement les unes sur les autres, ayant toutes les attentions pour ne point les rompre ou les éclater.

S'IL se trouvoit des branches remplies de fruits qui n'auroient pû mûrir, on doit les conserver avec soin, afin de les avoir mûrs de bonne heure. Il faut d'abord prendre la premiere branche d'un côté de l'Espalier ou d'un contre-Espalier & la coucher sur un peu de paille étenduë sur la terre ; mais comme il pourroit arriver que la branche se releve, on doit l'assujettir par le moyen d'un crochet de bois, que l'on fiche en terre ; ensuite détacher la seconde branche & la coucher sur la premiere, avoir soin de la bien lier avec de l'ozier, & continuer ainsi successivement de branches en branches les unes sur les autres jusqu'à ce que tout soit entierement fini.

LES Figuiers étant ainsi couchés sur terre en forme de chaîne, bien liés, sans crainte qu'aucune branche s'échappe, il faut les couvrir de long fumier, à un pied & demi ou deux pieds d'épaisseur, c'est le vrai moyen de les préserver de la gelée ; & l'on doit bien se garder d'y manquer, si l'on ne veut pas courir les risques évidens de tout perdre. Il faut les laisser en cette ſituation bien couverts juſqu'au mois d'Avril, ſi l'Hyver a été long ; ſinon on doit les découvrir plutôt ; alors on reprend les branches couchées les unes après les autres & les tailler de la maniere ci-devant expliquée, ſelon les régles & la nature du Figuier, attacher les branches comme elles étoient avant l'Hyver, leur donner enſuite un labour & les abandonner à la nature pour la laiſſer agir & les favoriſer dans le temps ordinaire & réglé.

Propriété des Figues.

ELLES adouciſſent les acretés de la poitrine, fortifient les poulmons & la rate, priſes en gargariſmes, elles ſont bonnes pour les maux de Gorge, étant appliquées extérieurement ſur le mal, elles amoliſſent & hâtent la ſuppuration.

COUPER par morceau une douzaine de Figues ſéches, les mettre dans un demi pot d'eau-de-vie, y ajoûter une pincée de feuilles ſéches de Romarin, infuſer le tout ſans feu pendant vingt-quatre heures, eſt une reméde infaillible pour l'hidropſie, en prenant la doze d'une colette ou petit verre le matin, à midi & autant le ſoir.

Énumeration des meillieures Figues.

LA Figue blanche.
La violette.
La ronde.
Celle de Bordeaux.
La grise.
La verte.
La mignonne.
Celle de Génes.
L'Angélique.

CELLES qui mûrissent le mieux dans les Climats tempérés, sont :

La blanche ronde.
La blanche longue.
L'Angélique.
Et la Violette.

TRAITÉ DE L'ORANGER.

Description de l'Oranger.

L'ORANGER est un Arbrisseau qui fait l'ornement des Jardins : ses racines sont jaunâtres, dures & fibreuses : sa tige est de moyenne grosseur, couverte d'une écorce assez épaisse, unie, de couleur brunâtre : ses feuilles sont oblongues & dans quelques espéces elles sont découpées vers la queuë, toujours vertes, luisantes & transparantes : ses Fleurs sont belles, blanches & de beaucoup d'odeur, composées de cinq fleurons disposés en étoille, & portées sur un calice rond ; ces Fleurs passées, il se forme un fruit rond, gros comme une Pomme, couvert d'une écorce égale, charnuë, épaisse, de couleur verte au commencement, & qui devient jaune, dorée, luisante & ayant de l'odeur en mûrissant : cette écorce couvre & renferme une chair jaunâtre, remplie d'une substance & d'un suc doux & des plus agréable au goût, dans laquelle se trouvent des semences blanches, dures oblongues, pointuës d'un côté, ovales de l'autre, ayant le goût un peu amer; il y en a aussi d'autres espéces dont le fruit vient plus petit, le gout amer & acide.

De la maniere d'élever les Orangers de Grains.

ON ne peut douter que les Orangers ne soient un des principaux ornemens des Jardins; il est l'Arbrisseau le plus difficile à cultiver; mais il est aussi le plus agréable: l'on peut dire que faisant la décoration des Jardins pendant l'Eté, il forme la beauté de la serre durant l'Hyver.

IL offre en tout temps, même en plein Hyver une verdure charmante, qui, si la chose étoit possible, pourroit consoler des ravages dont le froid picquant afflige les Arbres fruitiers, & fait cesser les opérations des végétaux.

AVEC quelques peines & des soins, on peut ici, comme dans les Pays chauds, élever les Orangers des Pépins tirés des Oranges & des Citrons bien mûrs: voici la maniere de se conduire pour multiplier cet Arbrisseau.

1°. FAIRE pendant l'Hyver une provision de Pépins d'Oranges & de Citrons.

2°. VERS la fin du mois de Mars déposer les Pépins dans des pots à Fleurs ou sur des terrines remplies au fond de trois ou quatre pouces de crottins de Cheval, qu'on a ſoin de bien preſſer.

3°. SE ſervir d'une bonne terre argilleuſe & légere pour mettre ſur ces crottins à deux pouces près du bord.

4°. PLACER les Pépins ſur cette terre à la diſtance d'un pouce les uns des autres & y ajouter un pouce de terre pardeſſus : étant ainſi ſemés, il s'agit de les faire lever promptement & pour cet effet avoir à une bonne expoſition une petite ſerre vitrée, large de quatre à cinq pieds, longue de ſix ou huit, profonde de trois & un amphithéatre audedans compoſé de trois ou quatre degrés, pour y poſer les pots ou terrines nouvellement ſemés.

ON ne peut aſſez louer l'utilité d'une ſerre vitrée pour y faire croître promptement du jeune Plant d'Oranger & y faire fleurir les vieux dans les Saiſons même les plus rudes, par le ſecours du fumier de Cheval tiré nouvellement de l'écurie & que l'on jette dans le fond de la ſerre, ſur lequel on poſe les Caiſſes : le fumier s'échauffe inſenſiblement, la chaleur monte, ſe communique à l'Oranger dans ſa Caiſſe, le ranime & le fait fleurir.

S'IL arrivoit que la ſerre fut trop chaude, il faut néceſſairement la tenir ouverte deux ou trois heures pendant le jour, afin de faire évaporer le trop de chaleur très-pernicieuſe à l'Oranger ; & lorſque l'on s'apperçoit que le fumier perd ſa chaleur, on doit le remuer de temps en temps pour lui occasionner encore une nouvelle chaleur d'une quinzaine de jours, ou bien il faut en substituer du nouveau pour entretenir une chaleur proportionnée, jusqu'à ce que l'on voye des Fleurs suffisantes sur la tête de l'Oranger : alors la chaleur ne doit plus être si violente, il faut la ménager & la rendre plus modérée, sans quoi l'Arbre en souffriroit trop & seroit en danger de se dépouiller peu à peu de ses feuilles ; mais, comme bien des Jardiniers ou d'autres personnes, qui veulent se mêler d'élever des jeunes Orangers, n'ont point la commodité d'une serre vitrée, on doit exposer les pots & les terrines au grand Soleil, & au défaut des pluyes les arroser, toujours dans la chaleur du jour.

LORSQUE les Pépins sont levés & sortis de terre, il est à craindre qu'ils ne soient coupés & mangés par les Insectes, nommés Clôportes: pour l'éviter, il faut élever les pots & les terrines sur quelques pierres à la hauteur d'un pied & avoir attention qu'il n'y ait point à portée des morceaux de vieux bois pourri, dont ces Insectes proviennent & remplissent le lieu où ils se retirent.

ON suppose après deux ans ces Eleves assez forts pour être séparés les uns de autres, il faut alors les planter plus au large, afin de les faire profiter : pour cet effet, commencer à tremper la terre, afin d'avoir la facilité de faire tout sortir à la fois, en renversant les pots ou les terrines, les séparer proprement les uns des autres avec un couteau; en leur conservant le plus de gason qu'il est possible; couper le bout des racines, les planter ensuite dans des petits pots, dont on a eu soin de faire provision avec une bonne terre argilleuse, mêlée de terreau de vieille Couche; après qu'ils sont plantés, les arroser très modérément, crainte de pourriture, & toujours en plein Soleil, on fait ce travail ordinairement dans le mois d'Avril.

De la maniere & du temps d'écussonner les Orangers.

CEs jeunes Plants parvenus à un certain degré, & ayant atteint environ la grosseur d'une plume de Cigne, il faut les écussonner en Juillet, qui est le temps du fort de leur séve.

LES écussons doivent toujours se prendre sur Orangers de bonnes espéces, & toujours sur des branches bien nourries: on ne doit jamais se servir du bois de la derniere séve, ainsi qu'il se pratique pour les Fruits à Pépins, il faut du bois de deux à trois séves pour y lever les écussons, étant plus fort & plus rond, l'écusson s'attache & se joint mieux. Cette opération se fait de même qu'aux fruits à pépins ou à noyaux: après que les jeunes Orangers sont écussonnés, on les met à l'ombre pendant sept à huit jours, afin de les faire reprendre plus aisément : vers la fin d'Octobre on les transporte à l'abri des injures de l'Hyver, & vers la mi-Avril suivant on voit ceux qui ont repris. Alors on les coupe à un demi pouce audessus de l'écusson : lorsque les écussons ont produit de beaux jets à la hauteur qu'on veut les avoir, on en coupe l'extrémité ; cette taille fait pousser des branches propres à former la tête de l'Oranger.

LORSQU'ILS commencent à se former & à prendre figure, on doit porter ses attentions plus loin, c'est-à-dire, envisager l'avenir : commencer d'abord par leur former des têtes semblables à celle du Champignon assis sur sa pédicule.

EN taillant un Oranger dans sa plus tendre jeunesse, il faut avoir dans l'idée la forme qu'il convient lui donner, afin de ne retrancher aucunes branches qu'avec discernement.

AVANT d'aller plus loin il faut observer qu'un Oranger écussonné de trois ou quatre années doit être transplanté plus au large & dans un plus grand pot, qui surtout doit être bien percé dans le fond, pour l'écoulement de l'eau des arrosemens.

Des Terres propres aux Orangers.

LEs terres à mettre en uſage pour planter les Orangers doivent être argilleuſes, meubles, légeres, mêlangées d'un tiers de terreau de vieilles Couches bien pourries : le mêlange fait, il faut expoſer cette terre aux injures des Saiſons, la remuer de temps en temps pour la rendre plus meuble, parce que rien n'eſt plus pernicieux à l'Oranger qu'une terre ferme, revêche & aquatique.

APRÈS que cette terre eſt reſtée expoſée aux injures des temps on l'emporte dans un lieu ſec pour la paſſer par le crible le plus ſouvent & le plus finement qu'il eſt poſſible, il faut toujours ſe précautionner d'en avoir de repoſée ſix mois ou un an avant d'en faire uſage.

EVITER ſoigneuſement de planter les Orangers dans une terre humide, parce qu'elle doit être foulée & preſſée à force dans les Caiſſes, ſans quoi elle ſeroit trop dure & incapable de produire, funeſte & mortelle à l'Oranger qui demande une terre abſolument meuble & légere, c'eſt ce qu'on ne ſçauroit trop recommander.

De la Description des Caisses, de la maniere d'encaisser les Orangers & du temps de le faire.

LEs Caisses propres aux Orangers doivent être de bois de Chêne, soit petites ou grandes, & toujours proportionnées à la force & à la grosseur de l'Arbre: les planches doivent avoir un pouce d'épaisseur, montées sur quatre piliers de bois en quarré, garnies chacune de deux crochets de fer pour la facilité du transport. Pour conserver les Caisses & les faire durer plus long-temps, il faut les faire gaudronner en dedans. Lorsque l'on est disposé à encaisser les Orangers, il faut considérer.

1°. Leur grosseur, afin de leur donner des Caisses proportionnées à leur force & vigueur.

2°. Observer qu'une Caisse de vingt pouces en quarré doit être percée de vingt trous dans le fond, assez larges pour que l'on puisse aisément y passer le petit doigt.

3°. METTRE dans le fond de chaque Caisse des morceaux de Pierre blanche, gros comme le poing, jusqu'à ce que le fond en soit entierement couvert; ces pierres contribuent beaucoup à tenir les passages libres aux eaux des pluyes & à celles des arrosemens.

4°. Les pierres blanches rendent le fond d'une

Caiſſe ſec, échauffent l'Arbre, aident à rendre l'Oranger agréable & vert, ſont favorables à leur nourriture en ce qu'elles retiennent les ſels qui proviennent des pluyes & des arroſemens.

5°. APRE'S avoir couvert de pierres le fond des Caiſſes, on les remplit de terre un peu plus qu'à moitié, à proportion de la hauteur, il faut enſuite fouler cette terre & l'entaſſer à force avec un fort morceau de bois; cela fait, on retire l'Oranger de ſon pot ou de ſa vieille Caiſſe, en prenant des meſures pour ne pas rompre ſon gazon.

6°. L'Oranger étant tiré de ſa Caiſſe, on prend un couteau ou une ſerpette bien tranchante pour lui couper un grand tiers de ſa motte le plus égale qu'il eſt poſſible, tant ſur la rondeur que pardeſſous, parce que pour peu qu'elle ne ſoit point coupée ainſi, l'Oranger penchera toujours de quelque côté qu'on puiſſe le tourner.

7°. L'Arbre étant prêt à planter, il eſt à propos de faire tremper le reſte de ſa motte dans l'eau juſqu'à ce qu'elle ſoit bien imbibée, ce qui ſe connoît lorſque l'eau ne bouillonne plus, puis on la retire, pour la poſer juſte au milieu de la Caiſſe: il faut enſuite remettre de la terre ſur les racines & la bien preſſer de façon & avec attention à ne point déranger l'Arbre de la place où il eſt poſé.

8°. Obſerver de ne point trop enterrer l'Arbre, parce qu'on doit toujours voir le gros des premieres racines, que l'on laisse un peu découvertes, pour être mieux frappées du Soleil.

9°. Lorsqu'un Oranger est trop gros & qu'un homme seul ne pourroit le tirer de sa Caisse avec la motte, il doit se servir d'une poulie attachée à quelque chose & élevée audessus de l'Oranger, par le moyen d'une corde attachée au corps de l'Arbre, il le tirera doucement hors de la Caisse : si les Orangers sont d'une grosseur extraordinaire, il faut avoir recours à une gruë, & lorsqu'ils sont retirés des Caisses & suspendus en l'air, il faut retrancher la moitié des mottes & le superflu des racines, puis les descendre dans d'autres Caisses destinées à les recevoir.

QUELQUES-uns prétendent que le temps de rencaisser les Orangers est à la fin de Septembre, d'autres veulent que ce soit au commencement de Mai ; on peut réussir dans l'une & dans l'autre Saison, ainsi il faut laisser le choix du temps de faire cette opération à la discrétion du Cultivateur. Dès que les Orangers sont bien replantés, rencaissés & qu'on a soin de les arroser en la maniere ci-devant prescrite, ils viendront bien : si le rencaissement se fait en Mai, on doit les placer à une belle exposition pour en faire l'ornement du Jardin ; si c'est à la fin de Septembre, on les transporte tout de suite dans la serre.

Compositions d'arrosemens particuliers, propres aux Orangers, pour s'en servir trois ou quatre fois pendant l'Eté.

IL faut placer au mois de Mars en quelque coin du Jardin un grand vase, cuvier ou tonneau, y mettre environ plein une manne de crottins de Mouton, autant de fiente de Pigeon & une demie manne de scieures de cornes dont on se sert à faire des peignes : remplir ce vase avec de l'eau de pluye, prendre soin de bien mêler le tout ensemble, laisser reposer ce mélange un mois ou six semaines avant d'en faire usage, cette composition alors est une espéce de sirop, un baume admirable, dont la force & la vertu extraordinaire donnent à l'Oranger une parfaite nourriture : on ne doit faire semblable arrosement que trois ou quatre fois pendant l'Eté, une fois tous les mois seulement & toujours en plein Soleil : à l'égard des autres arrosemens ordinaires, il faut les faire plus souvent & dans la chaleur du jour ; mais au mois de Septembre, que les nuits commencent à devenir froides, les arrosement doivent être très-modérés.

Des inconvéniens qui arrivent aux Orangers.

LEs Orangers ainsi que les Arbres fruitiers sont aussi sujets à des infirmités ; elles se connoissent aux feuilles, lorsqu'elles deviennent molles, se flétrissent ou jaunissent.

IL faut dans le moment même prendre garde à la terre, qui sera quelquesfois séche audessus des Caisses & trop humide audedans, ce qui provient d'avoir été trop souvent arrosée ; on doit pour lors diminuer & rallentir les arrosemens. Si au contraire ledessus des Caisses étoit humide & sec dans le fond, pour lors il faut redoubler les arrosemens. On s'imagine qu'en arrosant tous les deux ou trois jours, cela doit suffire, c'est un grand abus surtout dans de grandes sécheresses.

ON doit. 1°. Faire attention aux Caisses, les examiner & voir si elles ne sont point défectueuses, s'il n'y a point quelques fentes qui pourroient donner un passage trop libre aux eaux des arrosemens.

2°. Il peut encore se trouver des vers dans les Caisses, capables de faire d'assez grands trous pour faciliter l'écoulement des eaux : ces sortes d'Insectes font d'ailleurs un tort considérables aux Orangers, en rongeant leurs racines, en donnant ouverture aux eaux, qui, s'écoulant ſant trop rapidement & n'ont point le temps d'humecter la terre, ce qui rend l'Arbre languiſſant.

3°. Si on remarque que ce ſoient des vers, on peut y apporter du reméde par le ſecours d'un demi boiſſeau de broüe de Noix, qu'on fait tremper dans l'eau l'eſpace de vingt-quatre heures; après quoi il faut ſe ſervir de cette eau pour arroſer copieuſement les Orangers, elles fera ſortir les vers que l'on peut prendre facilement & les écraſer.

4°. On doit encore conſidérer que la Fourmi donne encore à l'Oranger une atteinte plus forte, non-ſeulement elle coupe les jeunes branches dès l'inſtant même de leur pouſſe, mais elle mange les Fleurs qui ne ſont que paroître: le nombre en eſt ſi grand, que la fourmiliere courre & monte ſur l'Arbre avec action & fureur, pour ſe repaître de la ſéve, des branches, des feuilles & du ſuc de ſes Fleurs.

Pour y remédier, il faut faire une trace autour du corps de l'Arbre avec de la pierre blanche, ou coller du parchemin autour du tronc & le couvrir avec de la gluë, ce qui arrête l'inſecte & l'empêche de monter à la tête de l'Oranger; on peut encore ſe ſervir du Charbon de faulx, en frotter le corps de l'Arbre pour le noircir entierement: lorſqu'il vient à pleuvoir cette pluye tombe ſur la tête de l'Oranger deſcend le long du tronc & peut emporter le Charbon, n'importe, ſauf à recommencer, on en verra l'effet.

AUTRE inconvénient que les Orangers ont à essuyer : leurs branches & leurs feuilles s'emplissent de punaises ; ce misérable Insecte s'engendre ordinairement sur des Orangers négligés, languissans faute de soins & de culture, soit pour n'avoir point été arrosés, taillés, rencaissés dans le temps, ou faute de nourriture ; car il en est à peu près des Orangers comme des personnes, qui, pour se bien porter ont besoin d'être bien entretenus.

LORS donc qu'on apperçoit les branches des Orangers attaquées & infectées de semblables Insectes, il faut aussitôt prendre une petite brosse qu'on trempe dans du vinaigre & en frotter toutes les branches & les feuilles attaquées : il y auroit tout à craindre pour l'Arbre, si l'on attendoit la multiplication de cette vermine à un certain point, les brosses seroient alors inutiles, il faudroit dépouiller l'Oranger de toutes les feuilles attaquées, & prendre un morceau d'éponge trempée dans une eau salée pour frotter toutes les branches les unes après les autres, jusqu'à cequ'il ne reste aucune apparence de Punaises

POUR prévenir encore un accident ordinaire aux Orangers qui est des plus essentiel, il ne faut point en laisser approcher les personnes du Sexe lorsqu'elles se trouvent en certains temps, cela seul est capable de les faire tous périr, la jaunisse s'empare de l'Arbre, il se flétrit, il languit, le mal s'invétere insensiblement & devient incurable.

Du choix qu'il faut faire des Orangers qu'on achete.

LORSQUE l'on veut acheter des Orangers, on ne ſçauroit prendre trop de précautions. Ils nous viennent des Pays étrangers tout ſimplement, ſoit en mottes, ſoit en bâtons : dans le premier cas on ne peut s'y tromper ; parce qu'on s'apperçoit facilement ſi la motte de terre qui entoure les racines eſt ſuppoſée ou naturelle ; outre cela, il y a quelques branches avec leurs feuilles, dès qu'elles caſſent en les pliant, l'Arbre eſt en bonne ſéve, on ne doit rien craindre pour ſa repriſe, au lieu que ſi les feuilles obéiſſent ſans ſe rompre c'eſt un très-mauvais préſage.

A l'égard des Orangers en bâton, tout nuds, ſans branches ni feuilles, on juge de leur bonté par l'écorce, ſi elle n'eſt point ridée & deſſéchée (ce qui peut ſe découvrir en inciſant quelques endroits) elle ſe détache de ſon bois & c'eſt une bonne marque : ſi elle y tient, c'en eſt une très-mauvaiſe : alors ce ſont des Arbres altérés dont la repriſe eſt douteuſe. Au ſurplus, le bois découvert par l'inciſion doit paroître humecté du ſuc nourricier, l'écorce doit être jaunâtre & & non noirâtre, comme il arrive ordinairement : cette noirceur ne provient que d'un trop grand & fréquent arroſement en chemin : c'eſt précisément par-là que les Marchands Etrangers tâchent de duper ceux qui en achetent ; on ne doit point faire cas des Arbres atteints de semblables défauts.

A l'égard de ces Orangers qui nous viennent des Pays chauds & étrangers, je puis assurer qu'ils ne subsistent ici que par artifice : ils sont parmi nous comme des Etrangers, à l'humeur desquels nous devons nous faire & nous accomoder, il vaut mieux, pour ce Pays, en élever de graines ; ils sont originairement naturalisés au Climat, on peut les dresser comme l'on veut, ils durent plus long-temps & on évite d'être trompé.

De la construction d'une bonne Serre.

APRE'S avoir cultivé & gouverné les Orangers, placés pendant l'Eté au milieu du Jardin, il faut vers la fin d'Octobre, plutôt même, si les nuits froides commencent à se faire sentir, les transporter dans la Serre pour les conserver l'Hyver, & les tenir à l'abri des frimats & du froid picquant qui leur est si funeste.

POUR bien disposer une Serre, il faut, 1°. Qu'elle soit placée à une bonne exposition, au Levant ou au Midi, jamais au Nord.

2°. ELLE doit être bâtie de bonnes murailles & voutée sur Poutres ou Soliveaux.

3°. Prendre toutes les mesures pour la rendre saine & bien séche.

4°. Elle doit avoir une forte porte, coupée en deux, de maniere que le haut puisse rester ouvert & le bas fermé.

5°. Il doit y avoir une ou plusieurs grandes fenêtres bien joignantes & avec de bons chassis doublés.

6°. Les fenêres doivent être placées à peu près vis-à-vis la porte & faites de maniere qu'on puisse les ouvrir & fermer quand on veut, ne seroit-ce que pour y faire entrer & sortir l'air; parce qu'il n'est rien de plus grand secours à l'Oranger.

7°. Il doit y avoir une petite cheminée avec un petit poële, qu'il faut allumer lorsqu'il géle dans la Serre, & qu'on doit éteindre quand on sent une chaleur modérée.

Avant d'aller plus loin, il faut observer que lorsque les Orangers sont rentrés dans la Serre, on doit toujours tenir le dessus de la porte & les fenêtres ouvertes, tant qu'il géle assez fort pour pénétrer dans l'Orangerie; mais aussi, avoir attention de la tenir fermée dans un temps de broüillard & d'humidité.

Lorsque les gélées commencent à se faire sentir, il faut tout fermer, se munir d'une futaille ou cuvier rempli d'eau pour les arrosemens, & de plus, poser dans la Serre, près de la porte & des fenêtres, de petits vases remplis d'eau: si la gelée pénétre, les vases seront gelés avant la terre des Caisses: si cela arrive, il faut mettre le feu au poële, & l'entretenir jusqu'à ce que l'eau des vases soit dégelée, ensuite il faut arroser, en donnant à chacune des grandes Caisses environ un pot d'eau, & à proportion aux plus petites & ne point manquer, chaque fois qu'on allume le poële, d'arroser aussitôt qu'on l'éteint.

LA gelée passée, ou même lorsqu'il commence à dégeler, il faut ouvrir la porte & les fenêtres, afin d'y faire entrer & sortir l'air, ce qui fait un bien merveilleux aux Orangers. S'il arrivoit que les feuilles d'un Oranger voulussent tomber & l'Arbre se dépouiller étant dans la Serre, il faut, au premier beau jour de temps doux & tempéré, le porter au grand air l'espace de vingt quatre heures seulement, afin d'empêcher la chûte entiere de ses feuilles.

Du temps de tirer les Orangers de la Serre, & de la maniere de cultiver ceux qui sont languissans.

APRE'S tous les soins & attentions que l'on a eu pendant l'Hyver pour conserver les Orangers dans la Serre : s'il n'y a plus d'apparence de gelée, on laisse la porte & les fenêtres ouvertes depuis six heures au matin jusqu'à quatre heures après midi, afin que l'air puisse passer à travers & que l'aspect du Soleil les échauffe doucement & leur donne de nouvelles forces.

Le Printemps étant venu, la séve de ces Arbrisseaux se réveille & se fomente, étant continuellement en action & dans un mouvement perpétuel, alors cette séve agissant peu à peu devient plus animée; il faut de temps en temps les arroser d'abord médiocrement, ensuite un peu plus suivant leurs besoins, la connoissance & le discernement du Jardinier.

On ne doit point tout de suite transporter les Orangers de la Serre dans leur emplacement d'Eté, il faut auparavant les accoutumer peu à peu à l'air & au Soleil, les placer huit à douze jours dans un endroit un peu renfermé, le long de quelques murailles, à l'abri des vents froids & des injures des temps.

Quelque beau que le temps nous paroisse, il ne faut point les placer au Jardin que vers la mi-Mai; l'expérience prouve que le temps n'est point encore tout-à-fait sûr plutôt & que la Saison, par intervalle, donne encore de mauvaises influences.

S'il arrive que la Serre ait causé, pendant l'Hyver, du dérangement à quelques Orangers, il est certain que ce dérangement ne provient que d'un défaut de culture, ou de ce qu'ils y sont entrés languissans. Tels sont ceux qui ne produisent que des foibles & courtes branches, des feuilles très-petites, qui naissent les unes près des autres recocquillées, sans force, san s vigueur, jaunes & pour ainsi dire tombées en létargie : ce sont-là des marques évidentes &

des ſimptomes certains qu'ils ont beſoin du ſecours du rencaiſſement & ſans délai, en leur ſubſtituant une terre ſucculente, c'eſt-à-dire, une terre proportionnée à leur foibleſſe pour les ranimer.

Si, après avoir été ainſi rencaiſſés, ils ne produiſent du bois avec force & vigueur, il faut l'année ſuivante vers la fin d'Avril les couper à tête, c'eſt-à dire, tailler ſur vieux bois à deux ou trois pouces près du corps & appliquer ſur cette taille la cire jaune ou rouge.

On doit bien ſe garder de couper un Oranger à tête lorſqu'il eſt nouvellement rencaiſſé, mais bien l'année ſuivante, ſi l'Arbre le demande; autrement ce ſeroit le mettre en danger de périr, comme n'ayant pas encore profité de ſa nouvelle nourriture, ni fait des racines aſſez fortes pour produire du jeune bois ſur le vieux.

De la Taille des Orangers.

L'ART ſert beaucoup à la nature & lorſqu'il s'y joint, ſes productions en ſont bien plus belles; les Orangers ne donnent jamais de plus belles Fleurs que lorſqu'ils ſont cultivés avec ſoin; leur figure, lorſqu'on les taille dans les régles, plaît infiniment davantage.

La régle générale ſur la taille eſt la même pour les Arbres fruitiers, à l'exception ſeule de l'Oranger, dont il faut toujours conſidérer les branches vigoureuſes avec plus de ſoin & de ménagement pour leur figure.

LE but de cette taille eſt de leur faire acquérir de belles têtes & produire de belles Fleurs; quant au fruit, c'eſt une rareté, il paroît même aſſez inutile d'y ſonger, vû la nature du Climat; les chaleurs ne ſont point ſuffiſantes pour le conduire à une parfaite maturité, & dailleurs on nous apporte ſes fruits mieux conditionnés & à juſte prix.

LA taille à faire ſur la tête des Orangers doit conſiſter à s'attacher à les voir beaux, vigoureux en branches & en feuilles, ſans trop s'embarraſſer des Fleurs, puiſqu'ordinairement elles viennent toujours en aſſez grande abondance, & que l'on eſt ſouvent obligé d'en retrancher pour ſoulager les Arbres.

IL faut toujours conſerver les plus fortes branches, même les gourmandes pour peu qu'elles ſoient bien placées & qu'elles puiſſent contribuer à la beauté de l'Arbre, enſorte que la perfection qu'on doit donner à la tête de l'Oranger eſt de lui faire acquérir une forme égale dans ſa rondeur, ou, comme on l'a dit ci-devant, la figure d'un Champignon naiſſant, plat, arrondi, ſans qu'aucune branche ſurmonte les autres; ils doivent être bien garnis & n'y point appercevoir de vuide.

ON doit encore retrancher plus de bois & faire la taille plus courte ſur les Orangers rencaiſſés d'un an que ſur ceux qui le ſont depuis quelques années, parce qu'ayant ôté une partie de leurs racines en les changeant de Caiſſes, on leur laiſſe moins de branches, afin que les racines puiſſent mieux nourrir celles qui reſtent. Il faut, pour tailler à propos les Orangers, éviter un temps trop humide ou trop chaud & profiter d'un temps tempéré.

L'ATTENTION eſſentielle à avoir dans la taille des Orangers, eſt de toujours tailler les branches uniment, ſurtout les fortes, ſans y laiſſer des ergots excédens ; le temps le plus convenable pour retrancher quelques-unes des groſſes branches eſt environ la mi-Mars, avant de les ſortir de la Serre.

ENFIN, la culture de l'Oranger eſt beaucoup plus agréable que celle de tous les autres Arbres : la plûpart, aux approches de l'Hyver, ſe dépouillent en ce Climat de leurs fruits & de leurs feuilles, & ſont obligés de ſe repoſer pour acquérir des forces au Printemps. Les Orangers ne ſont point de même, ils ſe perpétuent d'année à autre ſans changement ; la ſéve y eſt toujours en action dans une agitation perpétuelle, & quoiqu'ils ne ſoient hors de la Serre qu'environ cinq mois, ce temps ſuffit pour les entretenir dans leur perfection, il eſt ſurprenant que ſi peu de temps pour profiter des ſecours du Ciel, des influences du Soleil & de l'air, puiſſe mettre cet Arbriſſeau en état de réſiſter au changement & aux variations des Saiſons contraires.

Il eſt à remarquer qu'en Europe il n'y a point d'Arbre de plus longue durée que l'Oranger, pourvû qu'il ſoit taillé, arroſé, amandé, rencaiſſé & enſerré en temps & lieux ſuivant les régles ci-deſſus.

Propriété de l'Oranger.

L'Orange douce eſt humectante, rafraîchiſſante, propre à déſaltérer; celles ameres, plus petites, ſont fort eſtimées, fortifient l'eſtomach; leur ſuc eſt cordial & humectant.

DE L'ORIGINE DES JARDINS A FLEURS.

DANS les premiers Siécles, les Hommes les plus adroits, les plus ingénieux, ceux qui avoient plus de capacité furent les premiers Jardiniers; ils continuerent d'en faire une partie de leurs occupations & de leurs exercices, jusqu'à ce qu'étant obligé de vacquer à l'invention & à l'accroissement des nouveaux Arts, ils se firent aider dans leurs Jardins par leurs Domestiques, qui ne refuserent pas eux-mêmes de prendre le titre de Jardinier: dans les Siécles suivans, lorsque l'on crût avoir assez pourvû au nécessaire & que parmi les Hommes il se fut établi des distinctions & des differens dégrés de fortune, il arriva que le plaisir de la vûë & de l'odorat fit naître la curiosité d'avoir des Fleurs; ensorte qu'on se mit à rassembler une partie choisie de toutes les belles Fleurs, qui faisoient un coup d'œil charmant & qui répandoient une odeur agréable dans les Champs où elles étoient confusément répanduës.

Ce furent donc des Jardiniers qui en commencerent la culture : dans la ſuite des temps on voulût en avoir des pluſieurs eſpéces, ainſi qu'il ſe pratique aujourd'hui : on commença à faire des Jardins particuliers, appellés aujourd'hui Jardins à Fleurs.

N'étant pas poſſible qu'un ſeul Jardinier puiſſe en même-temps & tout à la fois vacquer à la culture des Légumes, des Fruits & des Fleurs, il fallût établir une ſeconde claſſe de Jardiniers pour ſoulager ceux de la premiere, & ces derniers furent nommés Jardiniers-Fleuriſtes.

TRAITÉ DE LA GIROFLÉE.

Description de la Giroflée.

LEs racines de la Giroflée ſont blanchâtres, fibreuſes & nerveuſes ; ſes tiges montent à la hauteur d'un pied & demi, elles produiſent des branches d'un verd blanchâtre, ſont moëlleuſes & ligneuſes ; elle a ſes feuilles longues, pointuës, couleur d'un verd foncé & d'un goût acre : les unes portent des Fleurs ſimples à quatre fleurons diſpoſés en croix ; d'autres ſont doubles, compoſées de fleurons ſans nombre diſpoſés en roſe, belles, agréables à la vûë, ayant de l'odeur, de couleur rouge, blanche, panachée, violette ou couleur de roſe. Les Fleurs des ſimples étant paſſées, il ſuccéde des ſiliques longues comme le doigt, diviſées en deux loges par une longue cloiſon, remplies d'une ſemence applatie, ronde de couleur rougeâtre ou d'un violet obſcur, ayant le goût acre.

Culture de la Giroflée.

LEs Jardins ne ſont point ornés ſi la Giroflée n'en fait partie : la variété de ſes Fleurs & la douceur de ſon odeur la fait beaucoup eſtimer.

ELLE ſert partout d'un agréable ornement, ſoit dans un Parterre, ou dans quelqu'autres piéces de Jardin, ſoit aux fenêtres : ſa figure forme une eſpéce de petit buiſſon touffu, garni de Fleurs rouges, blanches, panachées ou violettes, ſelon l'eſpéce : elle fleurit dans le Printemps, l'Eté & l'Automne, quand on a ſoin de couper les rameaux auſſitôt que les Fleurs ſont ternies.

ELLE ſe multiplie de la graine qu'on doit ſemer au mois de Mars dans des vaſes, ſur couche ou en pleine terre bien préparée & à une expoſition favorable.

LORSQUE ces jeunes Plantes ſont bien levées & ont atteint ſix ou huit feuilles, on les leve proprement pour les planter enſuite dans une autre terre préparée & labourée avec un peu de long fumier, à la diſtance de trois à quatre pouces les unes des autres ; on peut auſſi les laiſſer en pépinieres après les avoir arroſé : au bout d'un mois ou ſix ſemaines, elles doivent, ſi l'on en a pris ſoin, être repriſes & bien fortifiées ; alors on les tranſplante dans une terre fumée & bien labourée.

On commence par déplanter ces jeunes plantes les unes après les autres, avec leurs petites mottes de terre à leurs racines, pour les planter ensuite sur des alignemens tirés au cordeau, à la distance de quinze ou vingt pouces les unes des autres, espacées pareillement. La Giroflée viendra au mieux, en prenant soin de détruire les mauvaises Herbes, lui donner de petits labours & en les arrosant au besoin.

Sans rien de plus à y faire, on les laisse croître jusqu'à la fin d'Août; alors on coupe l'extrémité des racines, & pour y réussir, on prend la bêche, on l'enfonce dans la terre autour de la Giroflée; l'extrémité des racines étant coupée, il faut l'arroser amplement: on doit s'attendre à la voir d'abord flétrir pendant quelques jours, s'il fait un temps chaud; mais dès qu'elle commence à se relever, c'est une marque évidente qu'elle produit d'autres petites racines ou chevelus, il se fait en même temps un gazon ou une motte inébranlable qui renferme toutes les racines.

L'extremité' des racines coupée, la Plante bien arrosée, on la laisse ainsi jusqu'au commencement d'Octobre; alors (supposant que l'on s'est précautionné de pots de grandeur proportionnée à y planter la Giroflée) il faut se servir d'une terre meuble, légere & mélangée avec un peu de terreau; commencer par poser un morceau de thuile sur le trou dans le fond du pot, un bouchon de paille pardessus & tant

soit

ſoit peu de terre ; après quoi prendre la bêche, l'enfoncer dans la terre à côté de la Giroflée, la déplanter avec le gazon & le plus de terre en motte qu'il ſe puiſſe, elle doit être groſſe & ſuffiſante pour remplir le pot : ſi ces pots n'étoient point remplis à un doigt près du bord, on y remet un peu de terre bien preſſée, on l'arroſe, on l'expoſe en plein Soleil, ſans craindre qu'elle flétriſſe : on les laiſſe ainſi juſqu'au temps que les froidures & les gelées commencent à ſe faire ſentir ; alors on les tranſporte dans la Serre ou dans un endroit bien ſec & à l'abri des fortes gelées : il ne faut pas oublier de les expoſer à l'air lorſque le temps eſt doux.

Le temps de leur reproduction eſt environ la mi-Mars ; s'il n'envoye plus de mauvaiſes influences, on les ſort de la Serre pour les placer à une bonne expoſition.

Pour recueillir la graine de la Giroflée, il faut, avant l'Hyver, en planter quelques ſimples dans des pots, ſurtout de ceux qu'on croit être de bonne eſpéce, & les préſerver ainſi que les doubles des injures de l'Hyver.

Propriété de la Giroflée.

Ses feuilles ſont cordiales, ſes Fleurs ſont céphaliques, nervalles, elles excitent les urines & les mois.

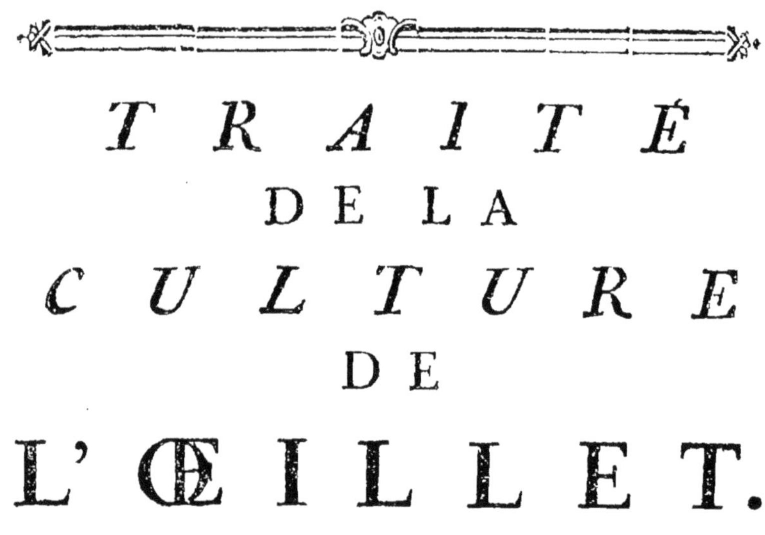

TRAITÉ DE LA CULTURE DE L'ŒILLET.

Description de l'Œillet.

L'ŒILLET est par sa Fleur une des belles Plantes : sa racine est blanchâtre, rougeâtre, garnie de fibres & de chevelus ; il a ses feuilles longues, étroites, pointuës, fermes, épaisses & vertes ; il s'éleve de leur centre des tiges hautes de trois à quatre pieds, droites, vertes, rondes, noüeuses, dures, accompagnées d'autres petites tiges sortant des aisselles des feuilles, portant à leur extremité des boutons longs & ronds : si la Fleur est double elle sera garnie de fleurons sans nombre, étroits du bas & larges d'en haut, portées sur un long calice, formé en tuyau de couleur de cendre, renfermant un second calice rempli de graines noires & triangulaires : si la Fleur est simple elle doit être composée de quatre à cinq fleurons disposés en croix.

L'ŒILLET donne sa Fleur de différentes couleurs, blanche, rouge, cramoisie, pourprée, incarnate, bizare, rose, cerise, amaranthe, violette & picquetée. C'est la Fleur des Fleurs, agréable à la vûë & d'odeur très douce.

Maniere de faire venir l'Œillet de graines.

L'ORDRE le plus naturel à suivre dans la culture des Œillets est de commencer par les produire de graines des plus belles & meilleures espéces, c'est le vrai moyen d'en varier les couleurs.

IL faut toujours avoir une bonne provision de graines, puisqu'il arrive souvent que sur quatre à cinq cens pieds il s'en trouvera à peine une demie douzaine digne de l'attention des Curieux Fleuristes.

LA graine d'Œillet se seme vers la mi-Avril dans des terrines ou autres vases semblables & toujours dans une bonne terre, légere & bien préparée; ils se sement aussi sur Couche; mais si cette Couche est chaude, nouvelle, il ne faut pas se presser, mais attendre jusqu'à la fin de Mai, ils deviendront toujours assez forts pour planter en Juillet sur des planches tenuës expres à la distance de huit à dix pouces les uns des autres & profiter d'un temps couvert ou humide, parce que l'ardeur du Soleil les affoibliroit si fort qu'on auroit peine à les relever.

ON ne doit point négliger de les arroser dans les sécheresses & de leur donner de petits labours propres à détruire les mauvaises Herbes qui les suffoqueroient : on les laisse passer l'Hyver en cet état jusqu'au mois de Juillet, qui est le temps de leur fleurison ; alors on fait choix des plus beaux & de ceux qui valent la peine d'être marcottés.

De la qualité que doivent avoir les Œillets.

LEs petits Œillets étoient anciennement recherchés ; ensuite on fût curieux des plus forts quoiqu'imparfaits : aujourd'hui on blâme ces sortes de goûts ; il faut s'attacher à la finesse, à la beauté de la Fleur & en mépriser les défauts : un Œillet sera estimé lorsqu'il formera une Fleur de douze ou quatorze pouces de rondeur & il sera encore mieux conditionné, s'il fait le toupet, a ses panaches, les couleurs nettes & bien détachées, sans être mouchetées.

LES couleurs bien rapportées dans la Fleur de l'Œillet, le rendent charmant ; plus elle en est mêlée de distance égale, plus elle est parfaite, surtout le bizare, à qui cette disposition de couleurs est requise ; les Œillets qui s'arrangent d'eux-mêmes sont à préférer : la plûpart des espéces se trouvent rarement sans défauts, & on est souvent contraint de passer quelques imperfections à la nature en faveur de la beauté des Œillets.

Les Œillets imparfaits sont ciselés, dentellés, se crevent, à boutons courts & à double Fleur ; pour qu'un Œillet fasse sa Fleur comme il doit, il faut que son bouton s'allonge d'un pouce & demi, & lorsqu'il paroît avoir disposition à crever, on peut y remédier par le secours des siliques des Féves plattes qui se coupent en forme d'anneau ; passer le bouton dedans en prenant des mesures pour que ces anneaux n'empêchent point l'Œillet de fleurir.

Du temps & de la maniere de marcotter les Œillets.

Avant de marcotter les Œillets, on doit avoir égard au temps & à la qualité de la terre ; il ne faut par marcotter avant la mi-Juillet, pour ne pas altérer la Plante qui doit donner sa Fleur peu après & l'empêche d'être parfaite ; d'ailleurs les marcottes font trop de racines, on est obligé de les lever dès la mi-Août & très-souvent elles montent & s'emportent avant & pendant l'Hyver.

Si on ne marcottoit qu'en Août, ce seroit

trop tard : les chaleurs diminuent, la terre se refroidit, les marcottes n'ont pas fait assez de racines pour être levées dans le temps ordinaire, qui est la mi-Septembre ; le seul temps de marcotter les Œillets est depuis la mi-Juillet jusqu'à la fin du même mois.

Il est très-nécessaire de sçavoir la maniere de les marcotter, parce que les fautes que l'on y fait causent leur perte par la difficulté de pouvoir faire de bonnes racines pour se défendre contre les injures de l'Hyver, les chancres & la pourriture.

Pour marcotter, il faut se servir d'un Canif, ôter d'abord les feuilles du bas de la marcotte, ensuite la faire pancher sur le montant de la tige & avec le Canif faire une incision d'un demi pouce de longueur dans le milieu du nœud le plus près des feuilles que l'on a détaché : il est à observer de ne la point faire plus profonde que n'est la moëlle de la marcotte, afin de conserver un passage à la séve qui doit la nourrir.

La terre que l'on doit employer en marcottant doit être la plus meuble & la plus légere, parce que la marcotte n'étant point empêchée par la dureté de la terre pousse ses fibres plus aisément.

Elle doit être composée, moitié terreau & moitié terre légere : il faut avant faire l'incision sur les marcottes ôter les feuilles trop basses & remuer la superficie de la terre : mettre ensuite un peu de cette terre mêlée pour y coucher les marcottes aussitôt l'incision faite, & se servir de petits crochets de bois pour les assujettir.

Les marcottes sont quelquesfois si élevées, qu'elles ne sçauroient atteindre leurs pots pour y être marcottées sans risque d'être rompuës; alors on se sert de petits cornets de plomb très-minces, on pose l'incision de la marcotte dans ces cornets, on les emplit de terre & on les lie à la tige ou à la baguette: comme on ne sçauroit mettre un grand volume de terre dans ces cornets, il faut avoir attention de les arroser deux fois le jour. Si les chaleurs sont fortes, huit à douze jours suffisent pour leur faire prendre de bonnes racines: on peut encore les marcotter autour des pots dans lesquels on fait passer la baguette & la Plante.

Les Œillets étant marcottés, il faut les mettre à l'ombre pendant cinq à six jours, les arroser doucement avec un petit arrosoir, pour ne pas découvrir le talon de la marcotte, qui est la seule partie qui doit prendre racine: les cinq ou six jours passés, on les expose au Soleil ainsi qu'ils étoient avant leur fleurison.

Raisons pour lesquelles on doit planter les Oeillets dans des Pots.

DEUX raisons principales doivent engager de planter les Œillets dans des Pots : l'une est que cette méthode contribuë à leur conservation & à leur beauté, & l'autre parce qu'on peut les porter & placer où on veut les avoir.

C'EST un grand défaut à éviter, de se servir de Pots trop grands ou trop petits. Si le Pot est trop grand, la Plante tire trop de nourriture & jette sa force en racines, par conséquent ne peut produire qu'un foible bouton & une petite Fleur. Si au contraire le Pot est trop petit, la Plante ne peut être à son aise : ses racines y sont trop resserrées, elles manquent de nourriture, la tige ne peut profiter ni la Fleur faire ce qu'elle doit.

LES Pots convenables doivent avoir huit pouces de largeur sur autant de profondeur seulement : on ne s'imagine pas combien ils contribüent à la conservation des Œillets ; ils les garantissent d'une trop grande humidité & de la sécheresse, qui, l'une & l'autre procurent la jaunisse, le chancre & la pourriture.

ON ne doit point approuver la méthode de ceux qui plantent les Œillets en pleine terre, à moins qu'ils n'en ayent en quantité, ou pour en dépouiller plus de graines ; il est certain qu'ils en produisent plus que dans les Pots & qu'elle est plus forte & mieux nourrie.

De la Terre propre à planter les Oeillets.

LEs terres grasses, pesantes, revêches, aquatiques sont contraires à l'Œillet, elles durcissent trop aisément dans les temps secs, leurs racines sont trop resserrées & les empêchent de faire leurs fonctions naturelles.

LES trop séches, trop légeres & usées ne sont point encore propres, la Plante ne sçauroit y trouver de nourriture, elle ne seroit que languir, seroit sans séve, sans vigueur, pousseroit une tige très-foible, un bouton très petit & par conséquent elle ne produiroit rien de bon.

LES plus naturelles & les meilleures sont les terres argilleuses, un peu jaunâtres, douces, fines, remplies d'humeurs; elles se trouvent facilement dans les basses Prairies, sur le bord des Rivieres, le long des Ruisseaux que les eaux apportent avec elles; ce sont-là les terres convenables à l'Œillet, ni trop pesantes, ni trop humides, après les avoir passé par le crible & mêlangé avec un quart de terreau de fumier de Cheval bien pourri: il convient même d'avoir en reserve dans un lieu à couvert semblables terres qui reposent six mois ou un an avant de s'en servir: il faut la cribler le plus souvent qu'on peut, parce que plus une terre est labourée, remuée & bouleversée, plus elle devient propre à toutes sortes de Plantes.

De la maniere de lever les Marcottes & de les planter.

LEs marcottes d'Œillets se levent ordinairement du dix au quinze Septembre; on commence par couper la marcotte à son origine, on leve ensuite le crochet & avec un déplantoir on prend la marcotte qu'on taille vis à-vis l'incision; ce qui fait un second talon, après quoi on dispose les Pots pour les planter.

LES Curieux-Fleuristes sont obligés d'apporter ici toutes leurs attentions & de mettre en usage les connoissances puisées dans leurs expériences, pour garantir les Œillets des accidens qui arrivent & les conduire à leur perfection.

TOUTE la science consiste à connoître tout ce qui doit entrer dans le fond du Pot, la maniere de l'emplir, planter les Œillets, les arroser & l'exposition convenable à leur donner.

1°. LE trou dans le fond du Pot doit être entierement couvert d'un morceau de thuile, pour empêcher les vers d'y entrer.

2°. POUR faciliter l'écoulement de l'eau, il faut mettre sur le morceau de thuile un bouchon de paille de la grosseur du poing.

3°. Il ne faut planter qu'une ſeule marcotte dans un ſeul Pot (ce qu'on appelle vulgairement en demeure) pour y reſter toute l'année, ſans être changée ni tranſplantée ; l'Œillet s'en porte mieux, il devient plus fort, ſa Fleur plus belle & plus grande, l'expérience en eſt appuyée ſur pluſieurs raiſons. 1°. Etant planté ſeul dans une bonne terre, il peut réſiſter aux injures de l'Hyver pendant quatre mois qu'il reſte dans la ſerre, ſans y avoir le grand air & les arroſemens du Ciel. 2°. Lorſqu'il eſt tiré nouvellement de la Serre, il ſe défend avec plus de vigueur des mauvaiſes influences qui arrivent au Printemps. 3°. Le changement de terre pour les tranſplanter au Printemps, produit un changement de nourriture, les fait ſouffrir en donnant le jour à leurs racines, il ſurvient des pluyes froides, des vents roux qui les deſſéchent ; à ce deſſéchement ſuccédent le chancre & la pourriture, au lieu qu'un Œillet planté ſeul dans un Pot depuis la mi-Septembre eſt à l'épreuve de toutes injures, au ſur plus un Fleuriſte s'évite de faire pluſieurs fois le même ouvrage, de planter, déplanter & replanter.

Les marcottes levées & prêtes à planter, après avoir mis un morceau de thuile dans le fond du Pot & un bouchon de paille pardeſſus, il faut remplir le Pot juſqu'au bord, faire enſuite avec le plantoir dans le milieu du Pot un trou proportionné & convenable à recevoir les racines de la marcotte : faire couler & gliſſer la terre autour des racines, presser la terre, l'enfoncer jusqu'à un pouce près du bord pour contenir l'eau des arrosemens : ensuite ficher de petits bâtons en forme de croix pour soutenir la marcotte, lui éviter d'être maltraitée des chiens, chats, pigeons ou des grands vents.

Les marcottes ainsi plantées, il faut les arroser & les mettre à l'ombre pendant cinq ou six jours; après quoi les exposer au grand air au Levant s'il se peut, cette exposition est la plus convenable à l'Œillet pour le fortifier.

Il s'agit de les préserver du trop de pluye qui tombe vers la mi-Octobre, elles sont froides & rien n'est plus pernicieux à l'Œillet : pour les en garantir & leur éviter des maladies auxquelles ils sont sujets, il faut vers la fin d'Octobre les mettre à l'abri des abondances d'eaux, les emporter sur l'appenti où ils peuvent rester jusqu'aux premieres gelées.

L'Œillet supporte aisément la soif dans l'Automne & l'Hyver, on ne doit l'arroser qu'avec de l'eau reposée ou qui ne soit point froide: celle trop froide lui est nuisible & pernicieuse, celle des Puits nouvellement tirée sont tiédes en Hyver & l'on peut s'en servir.

Il faut toujours veiller à ce que l'Œillet ne soit pas attaqué des fortes gelées; mais les premieres qui surviennent ne doivent pas alarmer, elles lui sont favorables, le font durcir & il se conserve mieux dans la Serre pendant l'Hyver.

Du temps auquel il faut enſerrer l'Oeillet.

LEs gelées blanches n'ont rien de mauvais pour l'Œillet, il peut ſouffrir pendant deux ou trois jours une aſſez forte gelée ; mais ſi on voit qu'elle devient picquante, il faut en diligence le tranſporter dans la Serre ou une Chambre bien cloſe, même dans une plate cave ſi elle n'eſt point humide, parce que tous les lieux humides ſont contraires à l'Œillet.

LA ſituation d'une Serre doit être diſpoſée de maniere qu'on puiſſe y laiſſer entrer & ſortir l'air quand on veut ; c'eſt-à-dire, outre la porte il lui faut une fenêtre ou un grand ſoupirail.

LE grand beſoin ſeul peut engager d'arroſer l'Œillet dans la Serre, puiſque c'eſt une Plante qui n'a pas ſoif ; d'ailleurs, la trop grande humidité qui ſe trouveroit dans les Pots pourroit lui cauſer la jauniſſe & la pourriture, ou feroit monter l'Œillet, qui ſeroit alors plus ſuſceptible des attaques du froid en ſortant de la Serre ; on ne doit point auſſi le priver d'eau quand il flétrit, mais lui en donner avec prudence & modération ; il ſuffit que les racines ſoient abreuvés, pour communiquer à toute la Plante l'effet de l'arroſement : au toucher on s'apperçoit d'abord de la fermeté de ſes feuilles, avoir grande attention de ne point arroser les Œillets lorsqu'il géle ou qu'on prévoit qu'il va geler.

Du temps de tirer l'Oeillet de la Serre.

IL ne faut ni trop d'impatience ni trop de lenteur pour sortir l'Œillet de la Serre, qui le tireroit de bonne heure feroit aussi mal que celui qui le sortiroit trop tard.

LE vrai temps de sortir l'Œillet de la Serre, est depuis le huit jusqu'au vingt-quatre de Mars pourvû que le temps ne paroisse point encore disposé à la gelée & qu'il ne fasse point sentir ses mauvaises influences par les neiges ou la grêle: si le temps est disposé au beau, on peut les retirer plutôt, cela dépend de la prudence du Fleuriste.

DE's que l'Œillet est hors de la Serre, il faut le transporter sur l'amphithéâtre pour le tenir à l'abri du Soleil pendant six ou huit jours, parce qu'après avoir été renfermé quatre mois & plus, il doit être si tendre que le Soleil l'affoibliroit à tel degré, qu'il seroit difficile de le relever: si vers la fin de Mars il y a apparence de ces petites pluyes douces, il faut descendre l'Œillet de l'appenti, pour recevoir les influences dont-le Ciel les favorise: ces pluyes ont assez de force & de vertu pour faire renaître un Œillet presque mort; pourvû qu'il ne soit ni chancreux ni pourri.

Les Fleuristes qui n'ont point planté à demeure leurs marcottes avant l'Hyver, peuvent le faire dans le mois de Mars & les mettre à l'ombre l'espace de sept à huit jours, au lieu que ceux plantés en Automne dans leur terre naturelle seront exposés à un Soleil riant qui leur sera d'un grand secours par sa chaleur modérée, utile & bienfaisante.

Il ne faut pas placer l'Œillet contre les murailles, il n'y a pas assez d'air, les marcottes & la tige feroient la courbe, pousseroient très-foiblement & tout d'un côté; il doit être placé au grand air, dans un lieu spacieux, où il ne soit pas privé du Soleil, de façon qu'un Fleuriste puisse en faire la ronde aisément, afin d'observer & voir ce qui pourroit leur manquer.

De l'arrosement de l'Oeillet.

Si les pluyes ne suffisoient pas aux arrosemens de l'Œillet, on pourroit y suppléer en la maniere suivante.

Le Pot dans lequel l'Œillet est planté doit être placé dans une juste situation, c'est-à-dire, ne pancher ni d'un côté ni d'autre, afin que l'eau puisse s'étendre également de toutes parts.

Tirer le matin de l'eau au Puit, la verser dans un bassin ou un tonneau exposé au Soleil, qui l'échauffe par l'ardeur de ses rayons, l'eau de Riviere est meilleure, ceux qui en ont la commodité doivent s'en ſervir, elle eſt naturellement bonne pour les arroſemens, étant plus légere & plus tiéde que celle des Puits; il faut arroſer l'Œillet vers les cinq ou ſix heures du ſoir avec prudence, conſulter ſes beſoins, ne pas refuſer ce qui lui eſt néceſſaire, ni donner ce dont il pourroit ſe paſſer, plus il fait chaud, plus l'on doit arroſer l'Œillet.

De la maniere de cultiver l'Oeillet lorſqu'il monte.

TOUT Fleuriſte doit ſçavoir qu'il faut des baguettes pour ſoutenir le montant de l'Œillet, parce qu'il eſt trop foible par lui-même: ces baguettes doivent être bien unies, droites, de la groſſeur du petit doigt & de quatre à cinq pieds de hauteur.

L'ŒILLET commence ordinairement à pouſſer ſon dard en Mai, qui eſt le temps de placer les baguettes; on les taille en pointe par le bas pour qu'elles puiſſent entrer plus aiſément; on doit, en les plaçant, prendre garde de ne point offenſer les racines de la Plante & obſerver de mettre la baguette le plus droit qu'il ſe peut, attacher enſuite avec du gros fil le dard de l'Œillet à meſure qu'il monte.

LORSQUE les boutons paroiſſent ſur la tige de l'Œillet, il faut retrancher les plus bas & les plus foibles, n'en laiſſer que trois ou quatre les plus

plus hauts & les plus forts, pour qu'ils profitent entierement de la séve.

Comment il faut garantir l'Oeillet des Insectes.

LEs Vers-Pucerons, la Chenille verte, le Poux vert & le Perce-Oreille, sont les Insectes ordinaires qui détruisent l'Œillet.

LE Vers-Puceron ne peut seul faire grand tort à l'Œillet, il est trop petit, mais la quantité fourmillante de ces Insectes ne cessent de sucer cette Plante tendre, & peu à peu lui ôtent sa séve, sa force & sa vigueur; on les trouve par pelotons attachés au montant de l'Œillet; dès qu'on s'en apperçoit, il faut les prendre en glissant les doigts tout le long de la tige & les écraser sans répugnance, parce qu'ils n'ont rien de mauvais.

LA Chenille verte donne une atteinte plus forte à l'Œillet, elle ne tire pas seulement la séve, mais ronge & coupe la tige, se cache de jour sous les cordons du Pot & monte la nuit droit à la tige. Aussitôt que l'on voit les feuilles ou les tiges coupées, il faut chercher sur la Plante ou autour du cordon du Pot, on trouvera l'Insecte.

LE Poux-vert coupe aussi le montant de l'œillet, on peut le découvrir à une espéce de mousse blanche dans quelques nœuds de la tige de l'œillet, c'eſt le ſigne évident qu'il y eſt ; il faut l'enlever adroitement avec les doigts, on le trouvera enveloppé dans cette mouſſe.

LA Perce-Oreille, Inſecte écaillé & dur, eſt l'ennemi capital & déclaré de l'Œillet, l'attaque de toutes parts à ſon montant en rongeant l'écorce, à ſon bouton en y faiſant ouverture & à ſa Fleur, en lui coupant ſes fleurons qui font toute ſa beauté.

POUR y remédier, il faut prendre des orteils de pieds de Veaux, les poſer à l'extrémité des baguettes, viſiter deux ou trois fois le jour & faire tomber par terre celles qui s'y trouveront pour les écraſer avec le pied.

IL eſt encore un moyen de parer l'Œillet de cet Inſecte ; il faut conſtruire un appenti portatif en forme d'eſcalier, de degrés en degrés, pour y placer l'Œillet prêt à fleurir ; placer l'appenti à deux pouces de diſtance de la muraille, en poſer les quatre ou ſix pieds dans des vaiſſeaux de bois ou de terre faits exprès & toujours remplis d'eau : l'Inſecte qui craint l'eau n'oſera ſe mettre à la nage pour aller ronger l'Œillet.

De la maniere de conſerver l'Oeillet étant fleuri.

1°. LEs eaux qui tombent ſur la Fleur, la terniſſent, la corrompent & la font paſſer promptement.

2°. Le Soleil ne lui fait pas moins de tort, il l'échauffe & desséche tellement la terre que la Fleur flétrit.

3°. Les trop fréquens arrosemens sont aussi nuisibles, ils font passer la Fleur lorsqu'elle est à sa fin.

Le vrai moyen de conserver plus longtemps l'Œillet en Fleur, c'est d'avoir un appenti à couvert dans un lieu où le Soleil n'envoye point ses rayons, dumoins les plus ardens & où il ne puisse paroître que trois ou quatre heures pendant le jour, encore faut-il que ce soit à son lever ou à son coucher; alors ses rayons lancés obliquement, sont trop foibles pour nuire à l'Œillet.

Il ne faut arroser l'Œillet étant fleuri qu'autant que les marottes l'exigent, sa Fleur n'en a aucun besoin.

Aussitôt les premieres Fleurs passées, qui, pour l'ordinaire sont les plus fortes & les plus belles on doit arroser copieusement, ensuite transporter les Pots d'œillets à l'endroit où ils étoient avant de donner leurs Fleurs, afin de former leurs graines.

Ce petit abregé concerne la culture des beaux œillets, qui, sans contredit est la plus agréable des Fleurs, pour l'odeur, la beauté & la variété des couleurs.

Il seroit difficile d'en énumérer toutes les espéces, leur graine en produit tous les ans de nouvelles: d'ailleurs, le peu de connoissance que j'ai pû acquérir dans la nature des œillets n'eſt point ſuffiſante pour en faire un détail général ; le nombre n'en eſt que trop multiplié & ſe multiplie encore tous les ans, & ce ſeroit en quelque façon entreprendre l'infini que de vouloir faire l'éloge de tous les œillets : une ſemblable puérilité ne pourroit qu'amuſer un nombre de ces furieux & paſſionnés Amateurs qui veulent de tout & preſque jamais ne connoiſſent rien à fond.

QU'IL me ſoit permis de le dire, rien ne me ſemble plus ridicule & plus inſenſé que ceux dont la manie eſt d'amaſſer à grands frais, ſe procurer indifféremment & ſans choix de toutes parts, même avec une avidité inquiéte, un tas d'œillets de toute eſpéce, bons ou mauvais, pour avoir la ſatisfaction de ſe flater qu'ils ont de tout, & s'imaginent par-là d'avoir la réputation de grands & curieux Fleuriſtes ! Ils ſe trompent bien, un pareil projet, loin d'être une curioſité raiſonnable, ne peut paſſer que pour une pure viſion & une fantaiſie biſare ; le grand nombre d'œillets ne fait point le mérite, l'eſſentiel conſiſte dans une certaine quantité bien choiſie, recherchée avec ſoin & avec goût & digne de l'attention des Curieux.

Propriété de l'Oeillet

IL eſt cordial, céphalique, propre pour l'épilepſie, paraliſie, les vertiges & pour exciter la tranſpiration.

CONCLUSION DE CET OUVRAGE.

VOILA tout ce que j'ai cru devoir dire ſur les Élémens de la Culture des Jardins, qui, ſans contredit, n'eſt pas moins difficile à expliquer qu'à pratiquer : j'eſtime cependant qu'en obſervant les régles & préceptes, un Jardinier, même avec peu d'intelligence, peut, ſuivant ma foible connoiſſance, prendre la bêche, la ſerpette à la main & travailler hardiment, en appliquant aux cas particuliers les principes établis. Il me ſeroit impoſſible de les décrire tous. Je n'oſe me flatter d'avoir mis au jour tout ce qu'on doit pratiquer dans la vaſte étenduë du Jardinage; les régles ſur ce ſujet n'ont point de bornes : plus on découvre, plus on trouve à découvrir, & tous les jours il ſurvient en ce genre des faits nouveaux, & pour ainſi dire, des phénoménes auxquels on ne s'attend pas.

MALGRE' les peines que je me ſuis données, & tous les ſoins que j'ai pris, pour éclaircir & faciliter la pratique de la culture des Jardins, je ſens bien que cet Ouvrage peut être encore perfectionné ; je ſuis même convaincu qu'il eſt bien des Plantes dans le Potager & dans le Fruitier qui ne ſont point venuës à ma connoiſſance & que l'on peut encore ajouter bien des choſes à ce que j'ai détaillé touchant leur culture.

Si quelque perſonne animée du même zéle pour le bien public vouloit me communiquer ſes lumieres, elle me trouvera toujours empreſſé à les recevoir, & je puis même proteſter que je me ferai gloire de les mettre en uſage dans l'occaſion, ſi mes ouvrages ont le bonheur de mériter l'accueil & l'approbation des honnêtes gens.

Soit par haine, jalouſie ou autre motif, je m'attens à trouver des Contradicteurs : j'ai fait ce que j'ai pû, on peut, ſans aucun doute, faire mieux : je ſuis auſſi diſpoſé à profiter de la ſage critique des uns, qu'à mépriſer les diſcours paſſionnés des autres.

FIN.

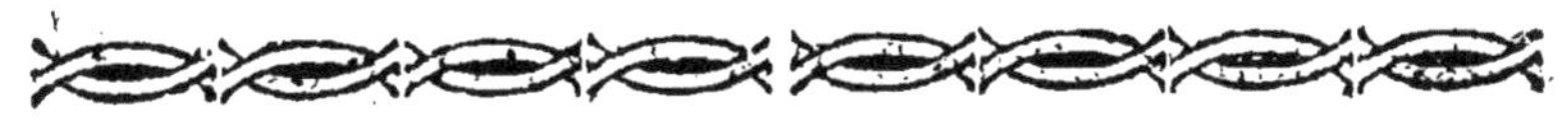

TABLE

Des Matieres contenuës dans cet Ouvrage.

PREMIERE PARTIE.

Des Plantes du Jardin Potager.

Observation sur la Culture.

Fin de la premiere Partie.

TABLE

Des Matieres contenuës dans la seconde Partie.

Traité du Figuier.

Traité de l'Oranger.

Traité de la Giroflée.

Traité de la Culture de l'Oeillet.

Fin de la Table.

ERRATA.

Page 4, *ligne* 3 que semblable terre, *lisez*, que de semblable terre Page 15, *ligne* 27, & agit, *lisez*, & qui agit. Page 20, *ligne* 4, & meilleur, *lisez*, & de meilleur. Page 25, *ligne* 11, & plantant, *lisez*, & le plantant. Page 28 *ligne* 17, de toutes les légumes, *lisez*, de tous les légumes. Page 29, *ligne* 3, à celles, *lisez*, de celles. Page 31, *ligne* 21, & ainsi des rangées, *lisez*, & ainsi des autres rangées. Page

33, *ligne* 21, en deux livres, *lisez*, en deux lévres. Page 34, *l.* 15 ils fortifient, *lis.* elles fortifient. Page 34, *l.* 21, d'un suc ayant, *lis.* d'un suc qui a. Page 36, *l.* 2, & fait, *lis.* & les fait. Page 44, *l.* 1, quinze joers, *lisez*, quinze jours. Page 44, *l.* 11 de couleur de souffre, *lis.* de couleur de soucis. Page 45, *l.* 12, ne tombent, *lis.* ne tombent pas. Page 72, *l.* 8 titées, *lis.* tirées. Page 74, *l.* 6, belle croissance, *lis.* une belle croissance. Page 81, *l.* 12, ayant, *lis.* il a. Page 95, *l.* 14, comme pour ailleurs, *lis.* comme par tout ailleurs. Page 96, *l.* 2, ou on la vanne, *lis.* & on la vanne. Page 112, *l.* 6, & place, *lis.* & les place. Page 112, *l.* 12, il sert, *lis.* il se sert. Page 142, *l.* 12, & placer, *lis.* & les placer. Page 143, *l.* 15, est apéritive, *lis.* elle est apéritive. Page 172, *l.* 17, des nains Arbres, *lis.* des Arbres nains. Page 211, *lig.* 9. & peu de fruits, *lis* & plus de fruits. Page 220, *l.* 8, que toutes, *lis.* que dans toutes. Page 262, *l.* 7 il est l'Arbrisseau le plus difficile à cultiver, mais il est aussi le plus agréable, *lis.* c'est l'Arbrisseau le plus difficile à cultiver, mais c'est aussi le plus agréable. Page 277, *l.* 11, parce qu'il n'est rien, *lis.* parce qu'il n'est point. Page 285, *l.* 3 des plusieurs especes, *lis.* de plusieurs espéces.

Fin du Volume.

www.ingramcontent.com/pod-product-compliance
Ingram Content Group UK Ltd.
Pitfield, Milton Keynes, MK11 3LW, UK
UKHW021847190726
13855UKWH00001B/192